Kuba

Weitere Bände in der Reihe „Auf Tour“:

- Armin Hüttermann, Irland (ISBN 978-3-8274-2782-2)
- Klaus-Dieter Hupke/Ulrike Ohl, Indien (ISBN 978-3-8274-2609-3)
- Elisabeth Schmitt/Thomas Schmitt, Mallorca
  (ISBN 978-3-8274-2791-5)

Elmar Kulke

Kuba

Auf Tour

Unter Mitarbeit von
Daniel Krüger, Louisa Kulke, Lech Suwala

Autoren

Prof. Dr. Elmar Kulke
Dr. Daniel Krüger
Dipl.-VW Dipl.-Geogr. Lech Suwala
Geographisches Institut
Humboldt-Universität zu Berlin

Louisa Kulke

Wichtiger Hinweis für den Benutzer
Der Verlag und die Autoren haben alle Sorgfalt walten lassen, um vollständige und akkurate Informationen in diesem Buch zu publizieren. Der Verlag übernimmt weder Garantie noch die juristische Verantwortung oder irgendeine Haftung für die Nutzung dieser Informationen, für deren Wirtschaftlichkeit oder fehlerfreie Funktion für einen bestimmten Zweck. Der Verlag übernimmt keine Gewähr dafür, dass die beschriebenen Verfahren, Programme usw. frei von Schutzrechten Dritter sind. Die Wiedergabe von Gebrauchsnamen, Handelsnamen, Warenbezeichnungen usw. in diesem Buch berechtigt auch ohne besondere Kennzeichnung nicht zu der Annahme, dass solche Namen im Sinne der Warenzeichen- und Markenschutz-Gesetzgebung als frei zu betrachten wären und daher von jedermann benutzt werden dürften. Der Verlag hat sich bemüht, sämtliche Rechteinhaber von Abbildungen zu ermitteln. Sollte dem Verlag gegenüber dennoch der Nachweis der Rechtsinhaberschaft geführt werden, wird das branchenübliche Honorar gezahlt.

Bibliografische Information der Deutschen Nationalbibliothek
Die Deutsche Nationalbibliothek verzeichnet diese Publikation in der Deutschen Nationalbibliografie; detaillierte bibliografische Daten sind im Internet über http://dnb.d-nb.de abrufbar.

Springer ist ein Unternehmen von Springer Science+Business Media
springer.de

Spektrum Akademischer Verlag ist ein Imprint von Springer

11 12 13 14 15 5 4 3 2 1

Planung und Lektorat: Merlet Behncke-Braunbeck, Martina Mechler
Redaktion: Peter Wittmann
Satz: TypoStudio Tobias Schaedla, Heidelberg
Umschlaggestaltung: SpieszDesign, Neu-Ulm
Titelfotografie: Elmar Kulke
Satellitenbild auf dem Nachsatz: NASA
Grafiken: Graphik & Text Studio Dr. Wolfgang Zettlmeier

ISBN 978-3-8274-2596-6

Inhalt

Vorwort

Eine Reise nach Kuba eröffnet dem aufmerksamen Beobachter einzigartige Impressionen eines faszinierenden Natur- und Kulturraumes. Die weißen Strände und das azurblaue Meer in Varadero, der morbide Charme verfallender Architektur in Havanna, das geschlossene Ensemble kolonialer Gebäude in Trinidad oder die Karstlandschaft im Tabakanbaugebiet Viñales sind nur einige der Highlights, die kein Reisender verpassen sollte. Den Besuch des Guevara-Denkmals in Santa Clara darf sich kein wirklicher Che-Fan entgehen lassen.

Aber nicht nur die beeindruckenden Sehenswürdigkeiten machen eine Kubareise zu einem besonderen Erlebnis, das Alltagsleben im tropischen Sozialismus von Fidel Castro ist gleichermaßen spannend: Der hervorragenden medizinischen Versorgung und dem leistungsfähigen Bildungssystem steht eine ständige Mangelsituation bei Konsumgütern, Wohnungen oder Verkehr gegenüber.

Dieses Buch möchte neben den touristischen Attraktionen einen Eindruck des Alltagslebens vermitteln. Beispielsweise zeigen die unterschiedlichen Farben der Autokennzeichen, das Haus des Familienarztes, die Zuckerrohrfelder oder die großen Aufmarschplätze die gesellschaftlichen, kulturellen, politischen, wirtschaftlichen oder geographischen Eigenheiten des Landes.

Alle Autoren dieses Buches sind selbst dem Charme Kubas erlegen. Und vielleicht regt die Lektüre des Buches zu einem Besuch des Landes an.

Daniel Krüger, Elmar Kulke, Louisa Kulke und Lech Suwala

1 Geschichte Kubas

Wer heute Kuba bereist, könnte den Eindruck gewinnen, dass die Geschichte des Landes erst mit der Landung von Kolumbus am 28. Oktober 1492 beginnt: Städte, Gebäude, Landwirtschaft und Kulturraum sind stark durch die Kolonialzeit geprägt, aus der vorkolumbischen Epoche gibt es fast keine Zeugnisse.

Dabei war die Insel – wenn auch mit geringer Bevölkerungsdichte – auch schon vorher besiedelt. Aus dem nördlichen Südamerika wanderte zuerst die Indiogruppe der Ciboney nach Kuba ein und lebte dort als Jäger und Sammler. Etwa 300 nach Christus folgten die Taíno, die bis zur Eroberung Kubas durch die Spanier die Insel prägten. Sie waren in erster Linie Bauern, die auf ihren Äckern Süßkartoffeln, Maniok, Mais, Ananas und Tabak anbauten; daneben gingen sie auf die Jagd und zum Fischfang. Ebenfalls verfügten sie über handwerkliche Produktion wie die Herstellung von Keramik, Metall, Holzgeräten, Werkzeugen und Schmuck. Ballspiel, Musik und Tanz prägten ihr kulturelles Leben. Als Kolumbus die größte Antilleninsel entdeckte,

Historische Karte von Kuba

lebten rund 500 000 Taíno auf Kuba. Heute erinnert nur noch eine Freiluftausstellung von Hütten und Bronzeskulpturen bei Guamá, rund 200 Kilometer südöstlich von Havanna in den Sümpfen der Zapata-Ebene gelegen, an diese Zeit. Die indianischen Bewohner Kubas wurden durch von den Spaniern eingeschleppte Krankheiten, Massaker, Zwangsarbeit und kollektiven Selbstmord fast restlos ausgerottet. Als einer der letzten setzte sich der Kazike Hatuey zu Beginn des 16. Jahrhunderts zur Wehr. Aber Diego Velázquez, der seit 1511 von der spanischen Krone mit der Eroberung der Insel beauftragt worden war, leistete ganze Arbeit: 1515 hatten die Konquistadoren bereits die ganze Insel unter ihre Kontrolle gebracht.

Mit Diego Velázquez begann die systematische Erschließung der Insel. Die Spanier gründeten Städte an günstigen natürlichen Häfen, aber auch im Landesinneren. Die Küstenstädte dienten als Umschlagsplätze für Waren aus dem spanischen Kolonialreich, aus Kuba und aus Europa. Die Binnenstädte stellten Zentren für den Handel regionaler Agrarprodukte dar und belieferten die Umgebung mit handwerklichen Gütern; meist residierten hier die reichen Kolonialherren. Große Flächen wurden an Adelige, Offiziere und Geistliche vergeben, und diese begannen, meist unter Einsatz versklavter Indios, eine landwirtschaftliche Nutzung mit Viehzucht und Ackerbau. Schon unmittelbar nach der kolonialen Erschließung begann auch der Anbau von Zuckerrohr und Tabak; dazu wurden bereits ab 1522 Sklaven aus Afrika als zusätzliche Arbeitskräfte eingeführt. Neben den landwirtschaftlichen Großbetrieben (Latifundien) gab es nur Kleinstbetriebe (Minifundien) ehemaliger einfacher Soldaten oder von Mischlingen. Diese ausgeprägte Polarisierung der Besitzgrößen ist noch heute ein charakteristisches Merkmal der ehemaligen spanischen Kolonien in Lateinamerika.

Aufgrund seiner strategisch günstigen Lage besaß Kuba für die Kolonialmacht Spanien große Bedeutung, und entsprechend nahm die spanische

Eldorado für Piraten – und Schatzsucher

Der Reichtum der Insel durch Handel und Landwirtschaft lockte auch Piraten an. In den Chroniken der Städte liest man immer wieder von Piratenüberfällen, und teilweise erfolgten auch Stadtverlagerungen (z. B. Camagüey, Santa Clara) an sicherere Standorte. Auf den zahlreichen kleinen Inseln und an den zerklüfteten Küsten Kubas fanden die Piraten guten Unterschlupf. Noch heute träumen Schatzsucher davon, Reichtümern in versunkenen Piratenschiffen oder in vergrabenen Truhen zu finden.

Krone ständig starken Einfluss; strenge Regulierungen und Handelsmonopole schränkten die wirtschaftlichen Entwicklungsmöglichkeiten Kubas ein. Auch für andere Großmächte war Kuba interessant, um von hier aus die Vorherrschaft in der Neuen Welt zu erlangen. Im Jahr 1762 eroberten die Engländer Havanna und später die ganze Insel, die sie aber bereits im Folgejahr gegen das spanische Territorium Florida tauschten. Diese kurze Episode eröffnete neue wirtschaftliche Entwicklungen in Kuba, da die Handelsmonopole wegfielen und sich in Nordamerika und England zusätzliche Absatzmärkte für kubanische Produkte auftaten. Nach der Rückgabe Kubas an Spanien blieb der Handel mit Nordamerika weiter erlaubt. Für Spanien besaß die Kolonie weiter große wirtschaftliche Bedeutung, die Kolonialmacht unternahm darum größte Anstrengungen, die Herrschaft in Kuba nicht zu verlieren. Während die spanischen Gebiete in Lateinamerika in den 1820er Jahren nach Freiheitskämpfen, die von Simon Bolivar inspiriert und getragen waren, ihre Unabhängigkeit erlangten, blieb Kuba weiter Kolonie. Auch der erste Befreiungskrieg 1868–1878 – getragen von Mitgliedern der kubanischen Oberschicht – wurde niedergeschlagen. In dieser Zeit bildete sich jedoch ein kubanisches Nationalbewusstsein, das durch die Freiheitskämpfer Carlos Manuel de Céspedes, Máximo Gómez und Antonio Maceo befördert und vor allem durch den kubanischen Patrioten und Dichter José Martí nachhaltig geprägt wurde.

Im amerikanischen Exil wurde in Kreisen um Antonio Maceo der zweite Befreiungskrieg vorbereitet. Bereits zu Kriegsbeginn im Jahr 1895 fiel José Marti im Kampf; er gilt noch heute als der herausragende Freiheitskämpfer und als nationale Identifikationsfigur. Der Freiheitskampf der Kubaner war nur teilweise erfolgreich. Zwar konnten sie viele ländliche Gebiete befreien, aber die Städte wurden weiter von den Spaniern kontrolliert. Erst das Eingreifen der USA, die die Explosion des Kreuzers „Maine“ im Hafen von Havanna als Vorwand zur Kriegserklärung an Spanien nutzen, brachte die Wende. Die spanische Kolonialzeit endete 1898, wurde aber ersetzt durch eine US-amerikanische Militärherrschaft, die bis 1902 dauerte. In dieser Zeit gewannen US-amerikanische Unternehmen und Personen großen wirtschaftlichen Einfluss in Kuba: Sie gründeten Niederlassungen, investierten in Industrie und Dienstleistungen, kauften große Flächen auf und gliederten kubanische Produktionen, wie die Zucker- und Tabakindustrie, in ihre Unternehmenssysteme ein.

Im Jahr 1902 erhielt Kuba den Status einer selbstständigen Republik, blieb aber wirtschaftlich und politisch stark von den USA abhängig. Große Teile der Zuckerindustrie, des Bergbaus und des Dienstleistungsbereichs – unter anderem Hotels und Spielkasinos sowie die Eisenbahn – befanden sich in der Hand amerikanischer Unternehmen. Die wirtschaftliche Kluft zwischen der schmalen Oberschicht und der breiten kubanischen Bevölkerung wurde immer größer. Besonders die Diktatoren Gerardo Machado und Fulgenacio Batista bereicherten sich hemmungslos auf Kosten des Volkes. Die Zeit Machados (1924–1933) war von Unterdrückung und Ausbeutung geprägt, und er verließ Kuba nach einem Generalstreik 1933 mit der Staatskasse. Während der Batista-Diktatur (1933–1959) beherrschten Bespitzelung, Korruption, Arbeitslosigkeit und Mafiastrukturen das Land. Für viele Kubaner bedeutete das Armut und Unterdrückung, während die reichen Amerikaner sich in Spielkasinos und Hotels, in Villen und mit Prostituierten vergnügten.

Diese sozialen Verwerfungen bildeten ein Saatbeet für die zuerst bürgerlichen Ideen einer von Studenten und Intellektuellen getragenen Revolution, die auf ihre Fahnen wirkliche Unabhängigkeit und soziale Gerechtigkeit als Ziele geschrieben hatte. Ihren Ausdruck fanden sie im Juli 1953 bei dem Sturm auf die Moncada-Kaserne in Santiago de Cuba. Der Aufstand wurde niedergeschlagen, aber die Überlebenden um Fidel Castro Ruz bildeten die Keimzelle der kubanischen Revolution. Fidel Castro wurde verurteilt; nach einer Amnestie ging er 1955 nach Mexiko, um dort mit anderen Oppositionellen – unter ihnen auch sein Bruder Raúl – die Revolution vorzubereiten. Im November 1956 brachen 82 Revolutionäre mit der Jacht „Granma" in Richtung Kuba auf, am 2. Dezember 1956 erreichten sie die Ostküste der Insel. Rasch von Regierungstruppen aufgespürt, wurden die meisten von ihnen getötet. Nur zwölf Kämpfern gelang die Flucht in die Berge der Sierra Maestra, unter ihnen Fidel Castro, Raúl Castro, Camilo Cienfuegos und Ernesto ‚Che' Guevara. Von dort aus begannen die Rebellen einen Guerillakrieg, der immer mehr Unterstützung durch die Bevölkerung fand, und es gelang ihnen, die Insel von Osten nach Westen zu erobern. Den endgültigen Sieg bereitete Che Guevara in Santa Clara vor, als er dort am 28. Dezember 1958 einen Panzerzug mit Waffen und Munition zum Entgleisen brachte. Die Waffen fielen in die Hände der Revolutionäre, die Soldaten liefen zu ihnen über. In der Silvesternacht 1958/1959 flüchtete Batista mit dem größten Teil der Staatskasse aus Kuba ins Exil, und mit dem Einzug der Revolutionäre Anfang Januar 1959 in Havanna endete die Revolution siegreich.

Fidel Castro setzte als Ministerpräsident (seit 1959) und „Máximo Líder" (Höchster Führer) zuerst Sozialmaßnahmen durch. Vorrangige Bedeutung hatten eine Alphabetisierungskampagne, der Ausbau des Bildungssystems und die Verbesserung der medizinischen Versorgung. Als weitere Maßnahmen wurden die Mietpreise gesenkt, neue Wohnungen gebaut und Sozialversicherungen eingeführt. Dadurch sollte die Lebenssituation aller Kubaner verbessert werden. Eine Agrarreform mit der Enteignung von Großgrund-

besitzern und der Landvergabe an Landarbeiter sowie später die Verstaatlichung der Großindustrie zeigten bereits die Tendenz zum Aufbau einer sozialistischen Republik. Reiche Kubaner und Intellektuelle flohen daraufhin nach Florida. Gemeinsam mit den enteigneten amerikanischen Unternehmen übten sie Druck auf die US-Regierung aus, die schließlich 1960 das bis heute geltende Handelsembargo aussprach. Die Konfliktsituation zwischen Kuba und den USA spitzte sich weiter zu, als 1961 rund 1500 Exilkubaner mit Unterstützung der CIA, der US-Marine und der US-Luftwaffe in der Bahía de Cochinos (Schweinebucht) an der Südküste Kubas landeten, um eine Gegenrevolution zu beginnen. Aber unter Leitung von Fidel Castro, der sein Hauptquartier in der Zuckerfabrik „Australia" eingerichtet hatte, wurden sie rasch geschlagen. Die Stationierung von sowjetischen Atomraketen auf Kuba im Jahr 1962 ließ den Konflikt weiter eskalieren und brachte die Welt an den Rand eines dritten Weltkrieges.

Der politische und wirtschaftliche Konflikt mit den USA zwang Kuba dazu, sich einen anderen starken Partner zu suchen, und den fand Castro mit der Sowjetunion. Ob schon zu Beginn der Revolution die Einrichtung eines sozialistischen Systems vorgesehen war oder eher ein bürgerlichselbstständiges Kuba angestrebt wurde, ist strittig. Gerade Ernesto Che Guevara verfolgte mit seiner Wirtschaftspolitik das Ziel, einen hohen Grad wirtschaftlicher Selbstständigkeit zu erreichen, und sein Bruch mit Fidel Castro mag mit ihren unterschiedlichen Vorstellungen des kubanischen Entwicklungsweges zusammenhängen. Die Bedingungen führten jedenfalls zu einer immer stärkeren politischen und wirtschaftlichen Anbindung an die Sowjetunion. Schrittweise wurden alle wirtschaftlichen Aktivitäten verstaatlicht, nur Kleinbauern behielten einen gewissen Grad an Selbstständigkeit. Ein staatliches Plansystem regelt bis heute die Produktion und die Verteilung von Erzeugnissen. Statt ökonomische Unabhängigkeit zu suchen, band Kuba sich in das System der wirtschaftlichen Arbeitsteilung der sozialistischen Staaten ein: Kuba lieferte Zucker und mineralische Rohstoffe und erhielt dafür Öl und Konsumgüter. Politisch wurde ein Einparteiensystem etabliert, die Presse wurde gleichgeschaltet und individuelle Freiheiten stark eingeschränkt. Unter diesen Bedingungen erreichte Kuba in den 1980er Jahren eine Phase relativen Wohlstandes und innerer Stabilität. Die Versorgung der Bevölkerung mit Konsumgütern verbesserte sich, die Ausbildung und die medizinische Versorgung erreichten ein sehr hohes Niveau.

Das Ende der Sowjetunion und die Transformation der ehemals sozialistischen Staaten führten in Kuba zu drastischen wirtschaftlichen Einbrüchen mit gravierenden Versorgungslücken bei der Bevölkerung. Seitdem gilt die sogenannte *período especial* (Sonderperiode). Kleine Liberalisierungen wurden ermöglicht, wie die Arbeit auf eigene Rechnung in ausgewählten Dienstleistun-

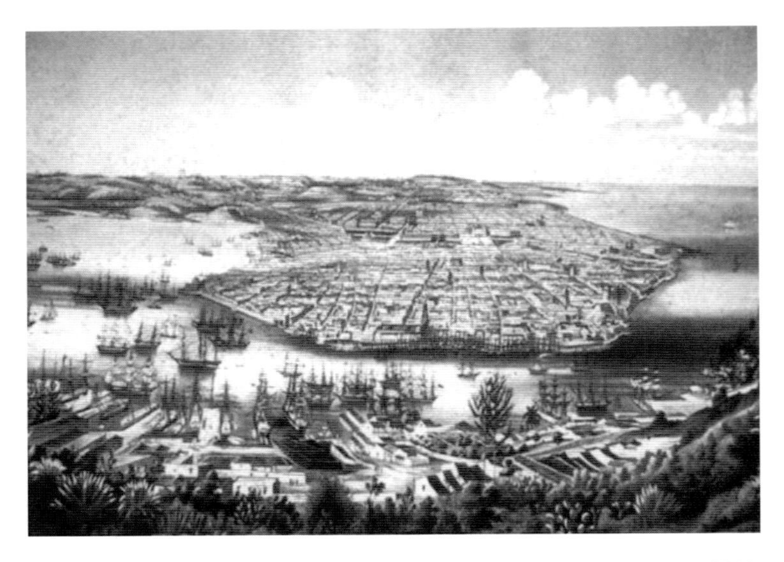

Stadtansicht von Havanna aus dem 19. Jahrhundert (Scarpaci / Segre / Coyula 2002, S. 311)

gen, ausländische Direktinvestitionen, die Einreise internationaler Touristen und Veränderungen in der landwirtschaftlichen Produktion. Diese Maßnahmen waren erforderlich, um die prekäre Versorgungslage der Bevölkerung zu verbessern. Sie widersprechen aber dem sozialistischen Gedanken des Systems und werden von der Regierung deshalb sehr kritisch beobachtet; sobald ein Systemelement im marktwirtschaftlichen Sinne zu gut funktioniert, wird es wieder verboten. Daneben band sich Kuba an neue Partner, vor allem Venezuela und China. Grundsätzliche Veränderungen des politisch-ökonomischen Systems erfolgten jedoch nicht, sodass Kuba heute eines der wenigen noch existierenden sozialistischen Länder ist, mit einem System, wie es im 20. Jahrhundert typisch für die osteuropäischen Staaten war.

Wohin die weitere Entwicklung führt, ist offen. Mit dem gesundheitlich bedingten Übergang der Regierungsleitung von Fidel Castro an seinen jüngeren Bruder Raúl waren Hoffnungen auf eine Liberalisierung verbunden, die sich jedoch nicht erfüllt haben. Noch immer dominiert die Generation der Revolutionäre – alle sind inzwischen um die 80 Jahre alt – die Politik; und sie verhindern jede noch so geringe Systemveränderung. Die wenigen jüngeren profilierten Politiker scheinen das System nach dem Abtreten der

Generation der Revolutionäre weiterführen zu wollen. Eine organisierte politische Opposition gibt es nicht, Organisationen außerhalb des sozialistischen Systems sind verboten; Meinungsfreiheit ist nicht vorhanden, Dissidenten werden isoliert. *(Elmar Kulke)*

Historische Stadtentwicklung

Die wunderschönen Altstädte Kubas stellen eine der Hauptattraktionen für ausländische Besucher dar; ihre historischen Gebäude sind in renoviertem Zustand außerordentlich prächtig und beeindruckend, und selbst in verfallendem Zustand besitzen sie einen einzigartigen morbiden Charme. Zugleich sind die Altstädte ein Zeugnis der historischen Stadtentwicklung während der spanischen Kolonialzeit, und zwar hinsichtlich ihrer räumliche Lage, Grundrissformen und baulich-funktionalen Merkmale.

Koloniales Städtesystem

Die Lage der kubanischen Städte spiegelt ihre historische Funktion wider. Die an guten natürlichen Häfen gelegenen Städte wie Havanna und Santiago de Cuba waren Standorte des Fernhandels. Über sie liefen Kubas Exporte und Importe, und von hier brachen die spanischen Schiffe zu ihren Erkundungsfahrten in die Neue Welt auf. Havanna wurde zu Beginn des 16. Jahrhunderts zunächst für kurze Zeit und seit Ende des 16. Jahrhunderts schließlich in großem Umfang zum „Tor zur Neuen Welt" für Spanien. Hier sammelten sich die Handelsschiffe, um in Geleitzügen zum Schutz vor Piraten ihre wertvolle Fracht nach Spanien zu bringen; Kriegsschiffe waren hier stationiert, wurden repariert und ausgerüstet. Zum Schutz vor Überfällen bauten die Spanier Festungen. Havanna, seit 1607 die Hauptstadt Kubas, war das wichtigste Handelszentrum der Insel und der bedeutendste Hafen Lateinamerikas. Von den Städten im Landesinnern (z. B. Camagüey, Sancti Spiritus) aus erfolgte die landwirtschaftliche Erschließung der Fläche des Landes; sie entwickelten sich zu regionalen Wirtschaftszentren.

Hafeneinfahrt von Santiago de Cuba

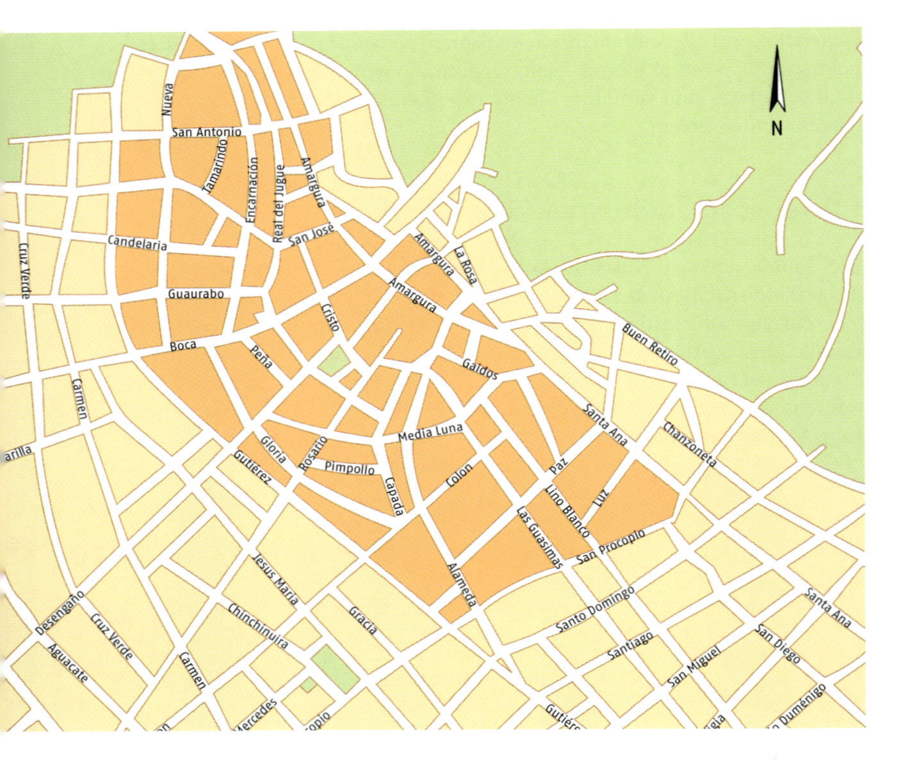

Stadtplan von Trinidad – kein „Schachbrettmuster" (Gründung vor dem Bauerlass). Der dunkelorange Bereich stellt das historische Stadtzentrum (UNISCO-Weltkulturerbe) dar

Zwar hatte Kolumbus auf zwei seiner Reisen Kuba bereits besucht, aber die wirkliche Eroberung erfolgte erst zwischen 1511 und 1514 durch Diego Velázquez. In dieser Zeit wurden die Ureinwohner Kubas unterworfen und bis auf wenige tausend Indianer ausgerottet, die Insel flächenhaft erschlossen und zahlreiche Städte gegründet, zum Beispiel Baracoa 1512, Bayamo 1514, Camagüey 1514, Havanna 1514, Sancti Spiritus 1514, Santiago de Cuba 1514, Trinidad 1513.

Die spanischen Stadtgründungen in Lateinamerika weisen bis auf wenige Ausnahmen ein streng geometrisches Straßenmuster auf: Eine königliche Generalinstruktion schrieb vor, sie in der Form eines Schachbretts anzulegen, mit Seitenlängen der Quadrate (*cuadras* oder *manzanas*) von etwa

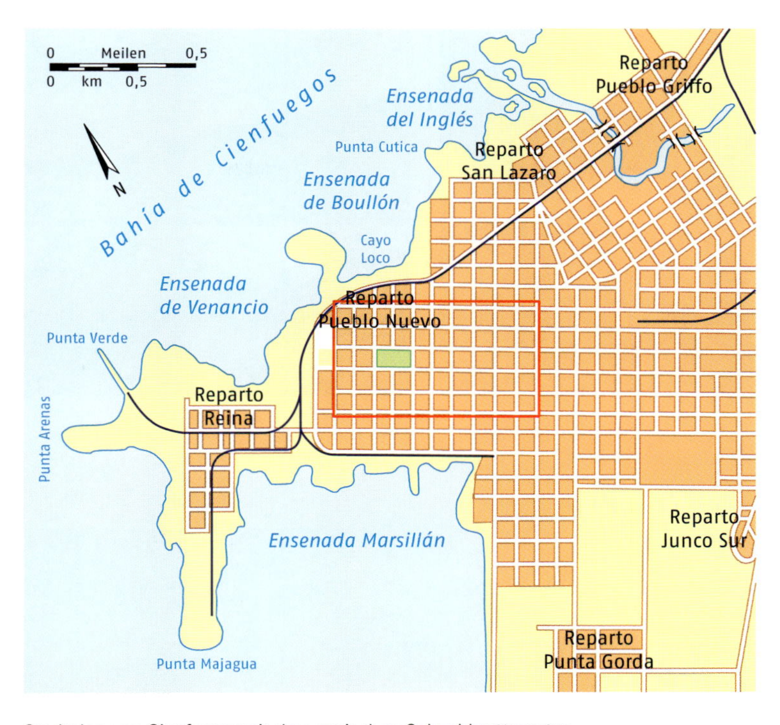

Stadtplan von Cienfuegosmit dem typischen Schachbrettmuster

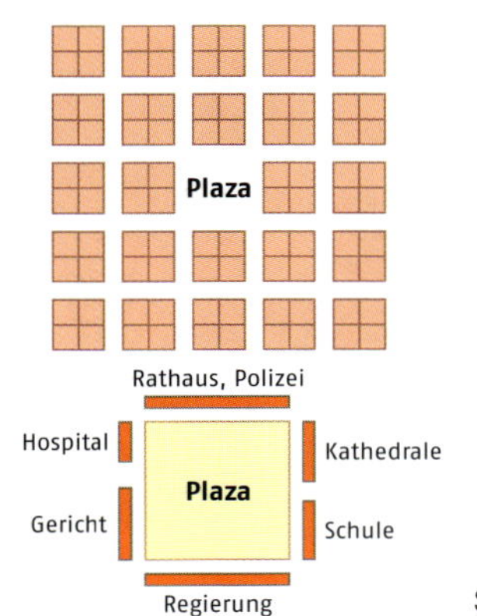

Schema der lateinamerikanischen Stadt

Innenhof der Casa Diego Velázquez in Santiago de Cuba

Casa Diego Velázquez in Santiago de Cuba

Adelspaläste an der Plaza Vieja in Havanna

Renovierte Paläste in Havanna

hundert Metern, und im Zentrum einen Platz (*plaza mayor*) freizuhalten. In den ältesten Städten Kubas ist dieser systematische Grundriss nur ansatzweise verwirklicht, was auf ihre Gründung vor dem Bauerlass hinweist. Nicht selten findet man sogar ausgesprochen verwinkelte Straßenführungen, wahrscheinlich weil sich die Bewohner so besser vor Überfällen durch Piraten schützen konnten – ein gutes Beispiel ist die Stadt Trinidad an der Südküste Zentralkubas. In vielen Städten gibt es nicht nur einen, sondern gleich mehrere Plätze, meist vor Kirchen oder Klöstern. Darin spiegelt sich die große Bedeutung wider, die kirchliche Einrichtungen für die Erschließung des Landes besaßen. Denn die Klöster erfüllten nicht nur missionierende Aufgaben, sie waren auch für Bildung, Krankenpflege und landwirtschaftliche Entwicklung zuständig. Erst die später gegründeten Städte wie etwa Cienfuegos (1818) oder Santa Clara (1689) zeigen den streng systematisch ausgeprägten Schachbrettgrundriss.

Die innere baulich-funktionale Gliederung entspricht den anderen lateinamerikanischen Städten. Rund um den Hauptplatz, die *plaza mayor*, gruppieren sich die wichtigsten Gebäude, die Kathedrale, das Rathaus, das Regierungsgebäude, die Schule. An diese schließen sich die Paläste des Adels und reicher Bürger an, die meist als Patio-Häuser gebaut wurden: Das Gebäude umschließt mit Balkonen oder Arkaden einen schattigen, begrünten Innenhof, in dem oft ein Brunnen für zusätzliche Abkühlung sorgte. Heute sind viele dieser Paläste renoviert und dienen als Hotels, Restaurants oder Museen. Mit zunehmender Entfernung zum Zentrum werden die Häuser kleiner, was ein Ausdruck des niedrigeren sozialen Status der damals dort lebenden Bevölkerung ist. Am Rand der Altstadt befinden sich einfachere Gebäude, die in einst von Handels- und Handwerksbetriebe genutzt wurden. *(Elmar Kulke)*

Weltkulturerbe in kubanischen Städten: ein Erfolgsmodell mit marktwirtschaftlichen Zügen?

Der klamme kubanische Staat greift immer wieder zu überraschenden Maßnahmen marktwirtschaftlicher Orientierung, wenn es darum geht, den ausländischen Devisenzufluss zu sichern oder den Staatssäckel zu füllen.

Beispielsweise wurde in der Hauptstadt mit dem Büro des Stadthistorikers (Oficina del Historiador de la Ciudad) eine äußerst wirkungsvolle Institution ins Leben gerufen, die einerseits Staatseinnahmen generiert und andererseits

Die Kirche Santísima Trinidad und Plaza Mayor – Teil des Weltkulturerbes in Trinidad

dazu beiträgt, dass das Weltkulturerbe Havannas, die Altstadtviertel zwischen dem „Capitolio“ und der Uferpromenade „Malecón“, Stück für Stück in neuem Glanz erstrahlt. Inzwischen gibt es ähnliche Einrichtungen auch in den anderen Städten Kubas, deren historischen Kerne derzeit auf der Weltkulturerbe-Liste der UNESCO stehen: Santiago de Cuba, Trinidad, Cienfuegos und Camagüey. Vorbildcharakter hatte die erste Dienststelle eines Stadthistorikers auf Kuba, die 1938 unter der Führung von Emilio de Leuchsenburg in Havanna gegründet wurde. Die Aufgabe bestand ursprünglich nur darin, die kolonialzeitliche Bausubstanz zu erhalten und zu restaurieren. Seine Amtszeit bis 1964 widmete der erste Stadthistoriker überwiegend der Wiederherstellung repräsentativer Bauten an der Plaza de las Armas. Ab Mitte der 1960er Jahre hat Eusebio Leal Spengler, ein enger Vertrauter Fidel Castros, das Amt übernommen und kann seitdem auf eine unglaubliche Erfolgsgeschichte zurückblicken.

In den 1970er Jahren begann man, das Volk für die Gebäude des 18. bis frühen 20. Jahrhundert zu sensibilisieren. In einem zweiten Schritt wurden Bewohner für den Aufbau „ihrer“ Wohnungen von ihrer eigentlichen Arbeit freigestellt und für die freiwillige Tätigkeit in sogenannten Mikrobrigaden bei gleichem Lohn weiterbezahlt. Der Durchbruch kam mit der Aufnahme

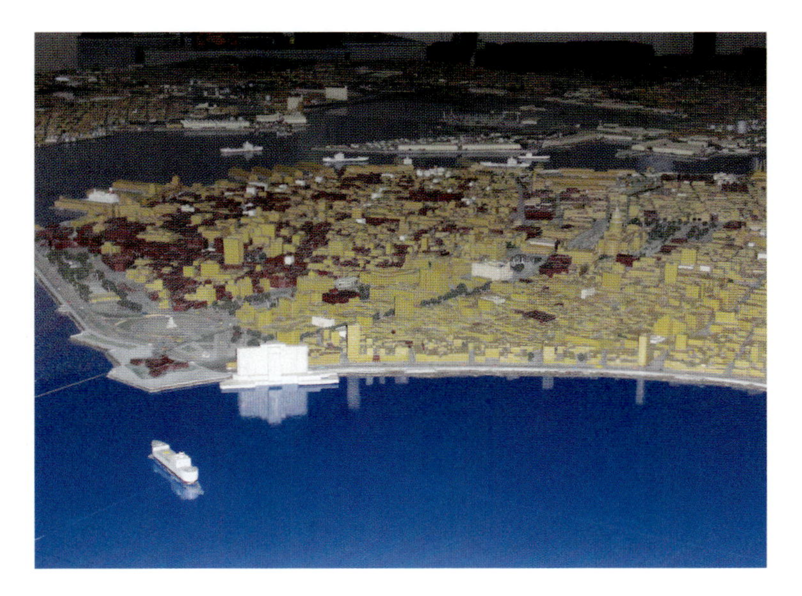

Modell der Altstadt von Havanna - Altbaubestand (dunkelbraun)

Büro des Stadthistorikers von Havanna

Gegenwärtig umfasst die Behörde 17 Institutionen – Bau (Mercurio S.A.), Möbelfabrik, Immobilien (Fénix S.A., Áurea S.A.), Schulen, Arbeitsvermittlung, Hotelbetriebe (Habaguanex S.A.), Sozialwerke (Plan San Isidro usw.) –, sie betreibt einen Radiosender (Radio Habana) und strahlt regelmäßig Fernsehsendungen (Andar La Habana) aus. Gewinne werden zu 45 Prozent in die Renovierung der Altstadt, zu 35 Prozent in soziale Projekte wie Wohnungsmodernisierungen und zu 20 Prozent in andere Gebiete der Stadt oder Kubas reinvestiert.

Die Lonja del Comerico (ehemalige Börse von Havanna) – Sitz der Immobiliengesellschaft Áurea S. A.

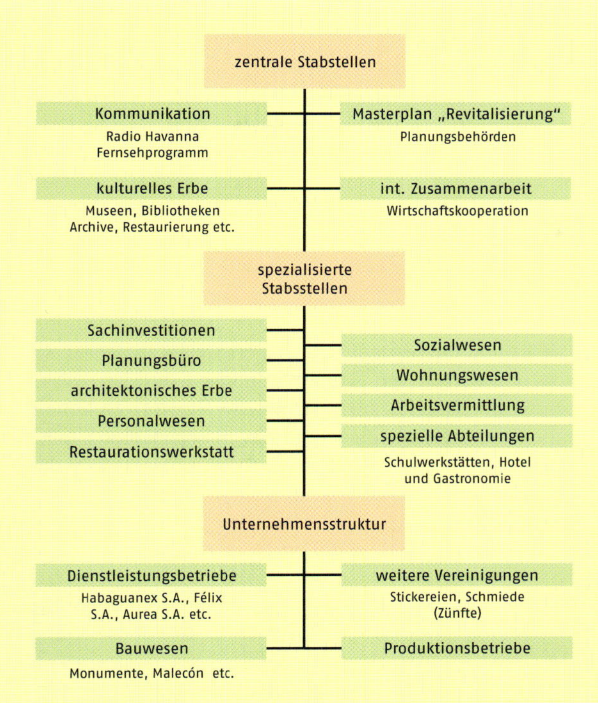

Organigramm des Büros des Stadthistorikers (nach OHCH 2010)

Direktion des Büro des Stadthistorikers (Eigentums- und Immobilienwesen) an der Calle de Obispo

von Havannas Altstadt in die Liste der Weltkulturerbe im Jahr 1982 und dem „Gesetz 143", das im Oktober 1993 durch die Exekutive des Ministerrates in Kraft gesetzt wurde. Zunächst wurden neben der finanziellen Unterstützung durch die UNESCO zwei Fünfjahrespläne mit einem Jahresetat von jeweils sechs Millionen US-Dollar zwischen 1981 und 1991 bewilligt, um die Restaurierungsarbeiten voranzutreiben. Der entscheidende Schritt aber erfolgte mit dem Gesetz 143, welches das 2,14 Quadratkilometer große, 3370 Gebäude, 22 700 Wohnungseinheiten und fast 67 000 Einwohner umfassende Gebiet zur „erhaltenswerten Zone erster Priorität" deklarierte.

Damit wurde das Büro des Stadthistorikers de facto auf die nationale Ebene gehoben und war nur dem Ministerrat unterstellt. Mit Beschlüssen von 1995 und 1996 wurde das historische Zentrum gar zum Gebiet „höchster Bedeutung für den Tourismus" erklärt und die Befugnisse Spenglers weiter ausgebaut; so wurde seine Institution unabhängig von Zollbestimmungen und langwierigen Bewilligungsverfahren im Hinblick auf ausländische Direktinvestitionen und die Zusammenarbeit mit ausländischen Partnern in sogenannten Joint Ventures. Zudem erlangte die Behörde alleinige Verfügungsmacht über die erwirtschafteten Gewinne und das Privileg, Steuern auf kommerzielle Betriebe in der Altstadt Havannas zu erheben. Damit war der Weg frei für eine Diver-

Sanierungsprojekt in Havanna

sifizierung und marktwirtschaftliche Orientierung. Der Mitarbeiterstab wuchs von acht auf knapp 10 000 Beschäftigte, und in den ersten 15 Jahren (1993 bis 2008) konnte ein Reingewinn von 214 Millionen US-Dollar erzielt werden. Vier der fünf Hauptplätze in der Altstadt – Plaza de las Armas, Plaza de la Catedral, Plaza de San Francisco und die Plaza Vieja – sind bereits saniert.

Dabei hatte es lange danach ausgesehen, als würde Habana Vieja aufgrund seiner geographischen Randlage und einer fortwährenden urbanen Entwicklung Havannas nach Westen, Richtung Centro, Vedado, Miramar, zum Armenhaus der Stadt verkommen. Ehemals prächtige Paläste wurden Anfang des 20. Jahrhunderts aufgrund der chronischen Wohnungsknappheit von mehreren Familien bewohnt, überall fehlte es an Geld und Baumaterialien, um die Gebäude instand halten zu können. Daraus resultiert in der Altstadt bis heute eine einzigartige Mischung verschiedenster Funktionen vom Wohnen und Arbeiten (handwerkliche Kleinstbetriebe, Einzelhandel, staatliche Behörden) bis zur Freizeitgestaltung (Cafés, Gastronomie, Museen), die auch nach der Erneuerung aufrechterhalten werden soll.

Die Plaza Vieja ist eine solche Platzgestaltung mit Modellcharakter. Neben einer Schule und verschiedenen kulturellen Einrichtungen stehen an dem Platz ein Hotel sowie restaurierte Gebäude mit Gewerbe- und Wohnnutzung. Durch den Ausbau kommt es aber auch zur Verdrängung von Bewohnern, denn nur etwa die Hälfte der ursprünglich ansässigen Familien kann wieder aufgenommen werden.

Für sie wurden bis heute knapp 500 Wohnungen an Ersatzstandorten errichtet. Dennoch soll das Vorhaben nicht nur als Modell auf die genannten anderen kubanischen Städte übertragen werden, es dient darüber hinaus weltweit als Inspiration für die Restaurierung historischer Quartiere und erlangte durch verschiedene Auszeichnungen internationales Renommee.

(Lech Suwala)

Sozialistischer Städtebau

In der Stadtlandschaft sind die Prägungen durch sozialistischen Städtebau ebenso auffällig wie die baulichen Elemente der Kolonialzeit. Der sozialistische Städtebau hebt darauf ab, in zentralen Lagen der Städte die Macht und Bedeutung der neuen und „besseren“ Gesellschaftsordnung durch große Aufmarschplätze, Magistralen, Monumente und dominante Gebäude wie Partei-, Kultur- und Verwaltungshochhäuser zu demonstrieren und zu symbolisieren. Auch die Großwohnsiedlungen an den Stadträndern, die seit den 1970er Jahren in industrialisierter Plattenbauweise ausgeführt wurden, sind Ausdruck der sozialistischen Gesellschaftsordnung.

In Kuba entstanden in mehreren Großstädten Plätze der Revolution (*plaza de la revolución*) mit wuchtigen Denkmälern und dominanten Gebäuden. Der Revolutionsplatz in Havanna orientiert sich auf das Denkmal von José Martí und ist von monumentalen Gebäuden umstanden. An ihm befinden sich der Sitz des Zentralkomitees der Kommunistischen Partei, das Innenministerium – mit einem Konterfei Che Guevaras –, das Ministerium für Kommunikation, die Nationalbibliothek und das Nationaltheater. Der Platz beeindruckt allein schon durch seine Größe: Er kann bei Massenveranstaltungen über eine Million Menschen aufnehmen. Hier finden auch die Paraden und Feiern zum Sieg der Revolution, zum 1. Mai, zur Vereidigung der Rekruten oder zur Einstellung neuer Lehrer statt. Fidel Castro hielt auf einer Bühne vor dem Martí-Denkmal viele seiner mehrstündigen Reden, und so mancher – natürlich begeisterte – Zuhörer kollabierte auf dem schattenlosen Platz unter der sengenden Tropensonne.

Ähnlich beeindruckend ist der Revolutionsplatz in Camagüey mit dem Monument der Freiheitskämpfer, dem Gebäude der Regionalversammlung, Sportstadien und Wohnhochhäusern. Und eigentlich sollte kein Besucher Kubas, und erst recht kein Che-Guevara-Fan, den Revolutionsplatz in Santa Clara versäumen. Die Che-Guevara-Statue weist in Richtung der Sierra Maestra,

José-Marti-Denkmal in Havanna

Plaza de la Revolution in Havanna

Monument der Freiheitskämpfer in Camagüey

Großwohnsiedlung Havanna del Este

Straßenzug in Großwohnsiedlung

Wohnen im Sozialismus

In sozialistischen Systemen übernimmt der Staat die Aufgabe, für die Bevölkerung Wohnraum bereitzustellen. In Ostmitteleuropa wie in Kuba sind ausgedehnte Großwohnsiedlungen immer Ausdruck dieser Aufgabe. Für den Staat sind Wohnblöcke aus industriell vorgefertigten Bauteilen der kostengünstigste Weg der Wohnraumerstellung; allerdings übersteigt der Wohnraumbedarf immer die finanziellen Möglichkeiten des Staates, neue Wohnungen zu bauen, sodass ein permanenter Wohnungsmangel herrscht.

wo die Revolutionäre einst ihren Kampf begannen. Im Gebäude – natürlich mit der Parole „*Hasta la victoria siempre*" (Auf ewig zum Sieg!) versehen – ruhen die Gebeine des charismatischen Revolutionärs und befindet sich ein Museum mit Szenen und Gegenständen aus seinem Leben.

In Kuba fallen sowohl am Stadtrand als auch in manchen zentralen Lagen die Großwohnsiedlungen, häufig aus industriell vorgefertigten Platten, ins Auge; sie sind Ausdruck der staatlichen Bereitstellung von Wohnraum für die Bevölkerung. Die Anlagen erfüllen auch eine gesellschaftliche Funktion: Gleiche Wohnungen für alle bilden ein Element des Gleichheitsgrundsatzes des Systems. In den Blöcken wohnen der Arzt neben dem Müllkutscher, der Lehrer neben der Putzfrau. Alle Städte Kubas weisen diese Anlagen auf, und überall zeigen sich auch deren Probleme. Die aus Ostmitteleuropa übernommene Bauform eignet sich nur bedingt für die tropisch feuchtwarmen Klimabedingungen, und Geld sowie Baumaterial für den Erhalt der Anlagen ist kaum vorhanden. Deshalb zeigen viele Gebäude Merkmale eines fortschreitenden Verfalls mit vermoosten Wänden, bröselndem Beton und zerbrochenen Fenstern. *(Elmar Kulke)*

José Martí und der kubanische Nationalstolz

Unbestritten ist José Martí die Seele des kubanischen Volkes und Ursprung der nationalen Identität. Bis zum heutigen Tage hört und liest man seinen Namen fast täglich und überall. Egal ob öffentliche Einrichtungen und Straßen in Kuba oder oppositionelle Radio- und Fernsehstationen in Miami nach ihm benannt sind, er ist allgegenwärtig.

José Martí wurde am 28. Januar 1853 als Sohn spanischer Einwanderer in Havanna geboren. Bereits im Alter von 16 Jahren veröffentlichte er seine ersten Gedichte und Artikel, die seinen Freiheitsgeist und seinen inneren

Denkmal von José Martí in Alt-Havanna

Wunsch nach der Unabhängigkeit Kubas von der spanischen Krone in prägnante Worte fassten. Seine tiefe Abneigung gegenüber der kolonialen Abhängigkeit Kubas hatte bereits im Alter von 17 Jahren zur Folge, dass Martí nach einem Zwischenfall mit einem Studienkollegen, dem er seinen unerschütterlichen Widerstand gegen das kolonial-spanische Regime offenbarte, 1870 festgenommen, zu Zwangsarbeit verurteilt und nach Spanien deportiert wurde. Hier verfasste er im Jahr 1871 sein Werk *El presidio político en Cuba* (Das politische Zuchthaus in Kuba), das aus autobiographischer Perspektive die Folterungen in den kubanischen Gefängnissen schildert. Nach seinem Studium des Zivil- und Kirchenrechts sowie der Literatur und Philosophie in Zaragoza traf Martí 1874 mit einflussreichen Politikern Spaniens zusammen, so zum Beispiel auch mit Cristino Martos, der in einem Brief an einen Freund José Martí mit den Worten beschrieb: „Martí ist der talentierteste Mensch, den ich kennengelernt habe.“ Und vor dem spanischen Hof berichtete Martos, was er von dem jungen Kubaner über die Verteidigung der Unabhängigkeit Kubas hörte. Im selben Jahr bereiste Martí

verschiedene europäische Länder, darunter Frankreich, wo er auf Victor Hugo traf, und auch England.

Im Alter von 22 Jahren verschlug es Martí nach Mexiko, wo er bis 1877 lebte. Im selben Jahr siedelte er nach Guatemala über und wurde an der Escuela Normal Central de Guatemala zum Professor berufen. Nach seiner Rückkehr nach Havanna im Jahr 1878 beschrieb ihn die Presse als brillanten und rhetorisch begnadeten Redner. Allerdings wurden diese von der Öffentlichkeit bejubelten Fähigkeiten bereits ein Jahr später in Kuba für José Martí erneut zum Verhängnis: Er wurde 1879 aus politischen Gründen von der spanischen Kolonialherrschaft erneut seines Heimatlandes verwiesen und nach Spanien verbannt. Sein Aufenthalt im spanischen Mutterland währte nur sehr kurz; Martí wanderte schließlich über Frankreich in die Vereinigten Staaten nach New York aus, wo er die letzten 15 Jahre seines Lebens verbrachte.

EN TORNO
A JOSÉ MARTÍ

COLOQUIO INTERNACIONAL
celebrado bajo los auspicios
de
Sala José Martí de la Biblioteca Nacional de Cuba
José Martí Foundation de Estados Unidos
Institut d'Etudes Ibériques et Ibéro-Américaines
de l'Université de Bordeaux III

BORDEAUX
ÉDITIONS BIÈRE
1974

Werke über José Martí

Die Verbindung zwischen literarischer Kunst und politischem Scharfsinn in seinen Werken sind das eigentliche Vermächtnis von Martí. Ein Freund des kubanischen Schriftstellers beschrieb ihn mit den Worten: „Ganz egal, wo er auftauchte, er hinterließ stets den Eindruck eines Genies, sowohl das des literarischen als auch das des politischen." Seine journalistischen Arbeiten und sein politisches Engagement für die Freiheit und Unabhängigkeit Kubas haben José Martí nicht nur zu einem bekannten Dichter, sondern zum politischen Vordenker auf dem amerikanischen Kontinent gemacht; nicht zuletzt auch deshalb, weil er es vermochte, zwei Generationen der kubanischen Unabhängigkeitsbewegung miteinander zu versöhnen: die des verlorenen ersten kubanischen Unabhängigkeitskrieges (1868–1878) mit der Generation des zweiten Unabhängigkeitskampfes (1895–1898). So gelang es Martí, die beiden Oberbefehlshaber der Revolutionsarmee Máximo Gómez und Antonio Maceo wieder an einen Tisch zu bringen, um die Bedingungen für die Wiederaufnahme des Unabhängigkeitskampfes abzustecken. Während seiner Aufenthalte in Mexiko und den USA arbeitete Martí beständig an der Organisation eines erneuten Aufstandes gegen die spanische Kolonialmacht in Kuba; er taufte ihn den „Notwendigen Krieg". 1892 gründete er die Partido Revolucionario de Cuba (Revolutionäre Partei Kubas), mit deren Hilfe er nicht nur den Krieg, sondern vielmehr eine Revolution vorbereitete. Er reiste von Ort zu Ort, zu den politischen Vereinigungen und Organisationen der in den USA lebenden Kubaner und gründete ein Netz des gegenseitigen Austauschs mit den revolutionären Sympathisanten in Kuba, um die Unabhängigkeitsbewegung innerhalb und außerhalb Kubas wiederzubeleben. Die Kubaner nannten Martí

Büste von José Martí auf dem Pico Turquino (1974 m)

deshalb auch ihren *maestro*, und die Stimme des Volkes behauptete: „Ohne Máximo Gómez gäbe es keinen Krieg, aber ohne Martí keine Revolution." Der Krieg begann am 24. Februar 1895, im April dieses Jahres landete Martí im Osten Kubas an, um an der Seite seiner Landsleute für die Befreiung zu kämpfen. Am 19. Mai starb er während eines kurzen Gefechts mit der spanischen Kolonialarmee in Dos Ríos in der damaligen Provinz Oriente. Sein Mausoleum befindet sich auf dem Friedhof Santa Ifigenia in Santiago de Cuba.

Man kann mit Fug und Recht behaupten, dass Martí mit seinen Ideen als Sinnbild für ein unabhängiges und freies Kuba steht und seit Beginn des 20. Jahrhunderts die kubanische Nation symbolisiert. Seit der Gründung der Republik Kuba im Jahr 1902 werden seine Ideale und Überzeugungen von allen politischen Vertretern Kubas instrumentalisiert. Fidel Castro betonte bei seiner Machtübernahme seine tiefste martíanische Überzeugung; und die exilkubanischen Gruppen, die sich nach der kubanischen Revolution im Jahr 1959 in Miami formierten, beanspruchen ebenfalls den „wahren Martí" für sich. Beide Seiten ringen so seit nunmehr einem halben Jahrhundert um das historische Erbe von Martí und werfen der jeweils anderen Partei politische Manipulation vor. In Miami übertragen Radio Martí und Televisión Martí permanent ihr exilkubanisches, antirevolutionäres Programm in Richtung Insel; Kuba hingegen lässt nichts unversucht, um den Empfang der Sender seinerseits zu stören und die Ideen Martís mit allgegenwärtigen Parolen für die Aufrechterhaltung des Sozialismus oder vielmehr der politischen Klasse zu (be-)nutzen.

(Daniel Krüger)

Guantanamera

Auszug der durch die musikalischen Interpretationen von José Fernández Díaz und Pete Seeger berühmt gewordenen Verse. Die erste Strophe entspricht der ersten Strophe von José Martís „Versos sencillos" (Einfache Verse).

Yo soy un hombre sincero,
de donde crece la palma,
y antes de morirme quiero
echar mis versos del alma.
Ich bin ein aufrichtiger Mensch
von da, wo die Palme wächst,
und bevor ich sterbe, möchte ich
mir meine Verse von der Seele singen.

Die kubanische Revolution – von der Abhängigkeit in die Unabhängigkeit?

Ernesto Che Guevara und Fidel Castro sind die bekanntesten Namen, die man heute mit der kubanischen Revolution in Verbindung bringt. Fidel Castro war bereits während seines Jurastudiums in Havanna als Vorsitzender der Vereinigung der Jurastudenten und in der Orthodoxen-Partei politisch aktiv. Bekannt wurde er für seine durch José Martí beeinflusste antiimperialistische Haltung und seinen Kampf gegen den US-amerikanischen Einfluss auf Kuba. Castros ablehnende Haltung wurde noch verstärkt, als 1952 der frühere Präsident Kubas (1940–1944), Fulgencio Batista, durch einen Staatsputsch erneut an die Macht kam und Castro vor dem Obersten Gerichtshof mit einer Klage gegen die Wirksamkeit der Machtübernahme Batistas scheiterte. Damit stand für Castro fest, dass nur der Widerstand ein probates Mittel für Veränderungen in Kuba sein konnte. Die wirtschaftliche und politische Abhängigkeit von den USA sollte überwunden sowie soziale und demokratische Reformen umgesetzt werden. Von einer Umverteilung in der Landwirtschaft und einer teilweisen Verstaatlichung der Industrie versprachen sich Castro und seine Anhänger mehr Gerechtigkeit und eine bessere innere Entwicklung des Landes. Mit 129 Verbündeten griff Castro am 26. Juli 1953 die Moncada-Kaserne in Santiago de Cuba an, um das Regime Batistas zu stürzen. Die Aktion scheiterte an der Übermacht der gegnerischen Truppen und Castro wurde am 16. Oktober 1953 zu 15 Jahren Zuchthaus verurteilt. Er selbst verteidigte sich während der Gerichtsverhandlung und schloss sein Plädoyer für den revolutionären Kampf und die Freiheit Kubas mit den historischen Worten: *Condenadme, no importa, la historia me absolverá* (Verurteilt mich, egal, die Geschichte wird mich freisprechen). Bereits zwei Jahre später kam Castro nach einer Generalamnestie durch den wegen manipulierter Wahlen erneut an die Macht gekommenen Präsidenten Batista wieder auf freien Fuß. Er kehrte der Orthodoxen-Partei den Rücken und gründete 1955 die Bewegung des 26. Juli („M-26-7", für Movimiento 26 de Julio), dem Datum des Angriffs auf die Moncada-Kaserne.

Che Guevara und Castro trafen sich erstmals im mexikanischen Exil, wohin Castro 1955 mit seinen Kampfgefährten emigriert war, um den militärischen Widerstand vorzubereiten und seine Guerilleros im militärischen Untergrundkampf auszubilden. Der Argentinier Che Guevara war von den Plänen der Guerillakämpfer um Castro, Kuba vom korrupten Batista-Regime zu befreien, so angezogen, dass er sich ihnen als Arzt anschloss. Am 25. November 1956 brachen Fidel und Raúl Castro, Camilo Cienfuegos und Che Guevara mit den übrigen Rebellen nach Kuba auf. Mittlerweile drängte die

Zeit, denn das Guerillalager war von den mexikanischen Behörden entdeckt und Che Guevara nach zweitägiger Haft aufgefordert worden, Mexiko zu verlassen. So erfuhr auch Batista in Kuba von den Plänen der Revolutionäre. Die Rückkehr von Castro und seinen Gefolgsleuten nach Kuba stand deshalb unter keinem guten Stern. Ihre völlig überladene Motorjacht, die „Granma", war viel zu klein für die 82 Mann Besatzung. Während der Überfahrt gerieten sie in Stürme, verloren ihren Kurs und mussten bis auf die Gewehre und Munition nahezu die gesamte technische Ausrüstung über Bord werfen. Die widrigen Umstände führten dazu, dass die Rebellen zwei Tage verspätet am 2. Dezember 1956 an der Playa Las Coloradas in der heutigen Provinz Granma ankamen. Ihre Ankunft war den offiziellen Truppen längst kein Geheimnis mehr gewesen. Weil das Funkgerät der „Granma" nicht mehr funktionierte, konnten die Rebellen um Castro mit ihrem Verbindungsmann in Kuba, Crescenio Peréz, keinen Kontakt mehr aufnehmen; außerdem waren Peréz und weitere hundert Rebellen schon längst verhaftet worden. Auch die „Granma" wurde bereits von den Regierungstruppen erwartet. Nach einer langen Verfolgungsjagd und unerbittlichen Kämpfen konnten schließlich zwölf Rebellen, unter ihnen Fidel und Raúl Castro, Che Guevara und Camilo Cienfuegos, in die Berge der Sierra Maestra fliehen; der Rest der Gruppe wurde gefangen genommen oder getötet.

In ihren Verstecken in der Sierra Maestra schaffte es die Truppe um Castro und Che Guevara, in den folgenden Jahren immer mehr Anhänger um sich zu scharen; vor allem mittellose Bauern und Landbesetzer schlossen sich ihnen an und unterstützten die Guerilleros. Die Ideen von einem unabhängigen Kuba und besseren Lebensbedingungen fielen besonders in den ländlichen Gebieten auf fruchtbaren Boden; aber auch in den Städten nahm die Zahl der Sympathisanten zu. So stieg die Zahl der kämpfenden Anhänger wieder an. Che Guevara, Camilo Cienfuegos und Raúl Castro befehligten einzelne, individuell operierende Kolonnen der Rebellenarmee und hielten mit ihrem Guerillakampf die Regierungstruppen im östlichen Kuba in Atem. Batista schlug 1958 mit einer militärischen Großoffensive zurück, um die vereinzelten Kampfhandlungen der Guerilleros ein für allemal zu beenden; sein Großeinsatz gegen Castro und seine Mitstreiter blieb jedoch erfolglos; nicht zuletzt auch wegen der schlechten Motivation der Batista-Truppen. Gerade die unteren, schlecht entlohnten Ränge identifizierten sich immer mehr mit den Revolutionären und ihren Ideen; Castro selbst sorgte dafür, dass US-amerikanische Medien direkt aus den Kampfgebieten der Guerilleros berichteten, und verstärkte damit den Rückhalt der Revolutionäre in der kubanischen Bevölkerung.

Die entscheidenden Kampfhandlungen der Revolution ereigneten sich im Dezember des Jahres 1958. Die Castro-Brüder standen mit ihren Einheiten vor Santiago de Cuba, hingegen waren Che Guevara und Camilo Cienfuegos mit ihren Männern bereits bis nach Santa Clara vorgedrungen. Um die strategisch wichtige Lage Santa Claras wussten auch die Guerilleros; die Stadt lag direkt an der wichtigen Eisenbahnstrecke Havanna – Santiago de Cuba, auf der am 24. Dezember ein Versorgungszug mit Waffen und Munition für die Truppen Batistas im Osten Kubas unterwegs war. Mit einem Bulldozer verbogen und zerstörten die Guerilleros die Schienen, brachten den *tren blindado* (gepanzerter Zug) zum Entgleisen und verhinderten den Nachschub von Waffen und Munition in den Osten. Damit gelang Che Guevara ein entscheidender Schlag gegen Batista; er forderte nach der Besetzung des örtlichen Radiosenders in Santa Clara die Militärführung zur Kapitulation auf und verkündete nach Jahren des Untergrundkampfes persönlich den Sieg der Revolution über den Äther. Batista selbst wartete nicht auf das Ende. Er floh am 1. Januar 1959 mit seiner Familie und einigen Gefolgsleuten direkt vom Präsidentenpalast in Havanna ins Exil in die Dominikanische Republik, nicht ohne sich zuvor noch der Staatskasse zu bedienen, der er mehrere Millionen Dollar entnahm.

Der „Comandante en Jefe“ (Fidel Castro) rief am 2. Januar einen Generalstreik auf Kuba aus. An diesem beteiligte sich nicht nur die Mehrheit der

El tren blindado – der gepanzerte Zug in Santa Clara

Bevölkerung, sondern auch viele Angehörige der Regierungsarmee, die die Schlacht gegen die eigene Bevölkerung nicht länger schlagen wollten. Havanna und Santiago de Cuba wurden von den neuen Truppen, den Revolutionären um Fidel und Raúl Castro, Che Guevara und Camilo Cienfuegos, noch am gleichen Tag eingenommen. Dies waren die letzten Kampfhandlungen vor dem endgültigen Sieg der kubanischen Revolution, der mit dem umjubelten Einzug Fidel Castros am 8. Januar 1959 in Havanna besiegelt wurde. Damit endete die Ära des nordamerikanischen Einflusses; beendet von ursprünglich zwölf Guerilleros, die drei Jahre zuvor gerade noch in die Berge der Sierra Maestra entfliehen konnten, um Kuba in eine „bessere" und „eigenständige" Zukunft zu führen. Diese sollte allerdings nur wenige Monate anhalten, bevor die Sowjetunion Kuba als Vorhof zu den USA mit Castros Hilfe instrumentalisierte. Spätestens seit der Raketenkrise von 1962, als die UdSSR Atomraketen auf Kuba stationierte und der Systemkonflikt an Stärke gewann, trieb Kuba direkt in eine neue politische und wirtschaftliche Abhängigkeit.

Noch heute sind der 1. Januar sowie der 26. Juli nationale Feiertage in Kuba, an denen mit Aufmärschen und Kranzniederlegungen an die früheren Idole und die Revolution gedacht wird. Viele der Kubaner nehmen heute eher unfreiwillig daran teil: Ganze Schulklassen und Arbeitskollektive werden mit Bussen zu den Massenansammlungen gefahren, um der Welt – gezwungen durch die kommunistische Obrigkeit – heuchlerische Bilder zu liefern. Von den eigentlichen Zielen der ursprünglich bürgerlichen Revolution ist heute in Kuba nichts mehr zu spüren, außer den Versprechen und der Hinhaltetaktik der politischen Elite, die im Namen der kubanischen Revolution seit Jahren die Grund- und Menschenrechte missachtet, Oppositionelle in den Gefängnissen foltert, der Jugend kaum eine Perspektive bietet und alljährlich für einen Strom an ausreisewilligen, gut ausgebildeten Kubanern sorgt, die für eine freiheitlich-demokratische Entwicklung unerlässlich wären. *(Daniel Krüger)*

Der Mythos „Che"

Che – das Idealbild eines Mannes: Andere Männer wollen so sein wie er, die Frauen liegen ihm zu Füßen, er kann sich vor Affären nicht retten, und selbst nach seinem Tod geht von ihm noch eine unglaubliche Anziehungskraft und Faszination auf Frauen zwischen 15 und 30 Jahren aus. Doch was verbirgt sich hinter dem Mythos, dessen stilisiertes Konterfei Jugendliche vieler Generationen stolz auf ihrem T-Shirt präsentieren?

Ernesto Guevara de la Serna wird am 4. Juni 1928 als Sohn aus gutem Hause geboren. Seine Eltern sind Ernesto Guevara Lynch und Celia de la Serna, Aristokraten aus Argentinien. Der kleine Ernesto ist eigentlich ein

Hasta siempre comandante

Aprendimos a quererte
desde la histórica altura
donde el sol de tu bravura
le puso cerco a la muerte
Refrain:
Aquí se queda la clara
la entrañable transparencia
de tu querida presencia
comandante Che Guevara
Tu mano gloriosa y fuerte
sobre la historia dispara
cuando todo Santa Clara
se despierta para verte
Refrain ...
Vienes quemando la brisa
con soles de primavera
para plantar la bandera
con la luz de tu sonrisa
Refrain ...
Tu amor revolucionario
Te conduce a nueva empresa
Donde espera la firmeza
De tu brazo libertario
Refrain ...
Seguiremos adelante
Como junto a tí seguimos,
Y con Fidel te decimos:
¡hasta siempre comandante!
Aquí se queda la clara
la entrañable transparencia
de tu querida presencia
comandante Che Guevara

(Carlos Puebla, 1965)

schwaches Kind, immer wieder wird er von Asthmaattacken geplagt, er ist kränklich und seine Mitschüler hänseln ihn. Aber Ernesto ist keiner, der sich von so etwas unterkriegen lässt. Ganz im Gegenteil: Er kämpft noch mehr, um seine Schwächen auszugleichen.

Im Jahr 1945 beginnt Guevara sein Medizinstudium, das er jedoch zwischenzeitlich unterbricht, um 1950 eine Reise durch den Norden Argentiniens zu beginnen – auf einem Fahrrad mit kleinem Motor. Zwischendurch arbeitet er in einem Leprakrankenhaus in Chañar bei Córdoba und bricht im folgenden Jahr auf zu einer Reise durch Südamerika – diesmal mit dem Motorrad. Während einer seiner Reisen durch Südamerika lernt Ernesto Guevara 1955 in Mexiko Fidel Castro kennen. Zu diesem Zeitpunkt wird schon die legendäre Expedition nach Kuba geplant. Guevara schließt sich ihr an. Bei der militärischen Ausbildung zusammen mit den Kubanern wird Che als bester Schüler hervorgehoben – wieder ein Zeichen seines Kampfgeistes.

Noch im selben Jahr heiratet *Che* seine erste Frau Hilda Gadea (schon 1956 kommt seine erste Tochter Hilda Beatriz zur Welt); besonders viel Zeit können die frisch Verheirateten jedoch nicht miteinander verbringen, denn schon am 25. November bricht Che mit 82 Männern in der kleinen

Vom Reisenden zum Revolutionär

Die Fahrten Che Guevaras durch Lateinamerika waren in letzter Zeit beliebtes Thema von Kinofilmen. Sie vermitteln, wie Che auf dieser Reise ein Gefühl unendlicher Freiheit verspürt und wie er neue Kraft schöpft, um schließlich zurückzukehren und sein Medizinstudium zu beenden – schließlich möchte er sich um die Armen kümmern und braucht dafür eine Grundlage. Denn die Reisen scheinen auch sein Bewusstsein für die Armut der Menschen und die Notwendigkeit von Veränderungen geprägt zu haben.

Jacht „Granma“ zur Revolution nach Kuba auf. Die Revolutionäre landen in einem Mangrovengebiet und beginnen von dort ihre Kämpfe. Guevaras mutiger Einsatz in dieser Mission wird belohnt: Fidel Castro ernennt ihn zum „Comandante“ – eine besondere Ehre für den Kämpfer. Nach zahlreichen Kämpfen nehmen die Revolutionäre immer weitere Gebiete Kubas ein und stürzen das Batista-Regime. Am 4. Januar 1959 zieht Che siegreich in Havanna ein. Zur Freude der Damenwelt trennt er sich noch im selben Jahr von seiner Frau Hilda, heiratet jedoch nur fünf Monate später erneut – Aleida March. Der gut aussehende Revolutionär ist einfach unglaublich beliebt bei den Frauen.

Che-Guevara-Bildnis an der Fassade des Innenministeriums in Havanna

Auch politisch ist er erfolgreich: Am 26. November wird er zum Präsidenten der Nationalbank von Kuba ernannt. Ob es sich hierbei um eine gute Idee handelte, bleibt allerdings fragwürdig. Guevara folgt seinem Ideal, den *hombre nuevo* (neuen Menschen) entstehen zu lassen, der nur um das Wohl der Allgemeinheit besorgt ist und dem es eine Freude bereitet, für andere zu arbeiten. Eine wundervolle Vorstellung, die noch Generationen von Jugendlichen nach ihm fesselt. Der erste Schritt zur Verwirklichung seines Traumes soll die Abschaffung des Geldes sein. Wenn jeder Mensch gerne für andere arbeitet, braucht man schließlich etwas so profanes wie

Geld nicht mehr! Leider klappt nicht immer alles wie man es idealistisch plant – die Menschen sind zu habgierig, und ohne Geld sehen sie keinen Sinn zu arbeiten.

Ernesto Guevara setzt sich international für seine Ideale ein und erlangt dadurch weltweite Aufmerksamkeit. Am 24. November wird er Vater von Aliusha, die Geburt kann er nicht miterleben, da er sich im Ausland befindet. Dafür geht Ches Karriere weiter: Am 23. Februar 1961 wird er zum Industrieminister ernannt, am 4. August leitet er die Delegation zur Interamerikanischen Konferenz in Punta del Este. In Montevideo empfangen ihn seine Anhänger mit Demonstrationen, die ihre Unterstützung ausdrücken. Und auch familiär geht es vorwärts – am 20. Mai 1962 wird sein Sohn Camillo geboren, die Tochter Celia kommt am 14. Juni 1963 und sein Sohn Ernesto am 24. Februar 1965 zur Welt – viele Kinder trotz der Reisen in diplomatischer Mission, auf denen Ernesto Che Guevara einen Großteil seiner Zeit unterwegs ist.

Guevaras Einstellung entfernt sich immer mehr vom politischen Kurs Kubas. Während der Raketenkrise steht er dem Sowjetblock distanziert gegenüber. Schließlich kommt es zur Wende seines politischen Erfolgs. Im Februar 1965 wird, während Che sich auf einer seiner Reisen befindet, in Kuba ein Wirtschaftsvertrag mit der Sowjetunion unterzeichnet, der sein Projekt einer nationalen Industrialisierung und Unabhängigkeit endgültig beendet. In einer Rede in Algier greift er die Länder des Sowjetblocks an, weil sie Befreiungskämpfe der Völker nicht unterstützen wollen. Che fasst den Entschluss, Kuba zu verlassen und nach Afrika in den Kongo zu gehen, um dort einen Befreiungskrieg zu beginnen. Er tritt von allen seinen Ämtern in Kuba zurück.

Che an einer Hauswand

Guevara reist im Juli 1966 wieder in Kuba ein, um von dort aus einen weiteren Guerillakampf vorzubereiten: den Kampf in Bolivien. Als er Ende des Jahres in Bolivien ankommt, will die Partei von Mario Monje, dem Generalsekretär der Kommunistischen Partei Boliviens ihn nicht unterstützen. Dennoch erkundet Che das Terrain. Am 31. August 1967 gerät seine

Parole und Bild Che Guevaras in Camagüey

Che-Guevara-Denkmal in Santa Clara

Kolonne in einen Hinterhalt. Es folgt das tragische Ende: Auf Anordnung der bolivianischen Regierung und unter Beihilfe des US-amerikanischen Geheimdienstes CIA wird er am 8. Oktober 1967 hingerichtet. Wie populär Che zu diesem Zeitpunkt war, zeigt die Trauerfeier, die am 18. Oktober ihm zu Ehren gehalten wird: Eine Millionen Kubaner nehmen daran teil.

In seinem Leben hat Ernesto Che Guevara Ideale geschaffen und mit all seiner Kraft verfolgt. Seine Entschlossenheit und seine Ideen begeisterten unzählige Menschen. Kein Wunder also, dass er in Kuba das wohl häufigste T-Shirt-Motiv darstellt. Ernesto Che Guevara war ein außergewöhnlicher Mann, auf den die Kubaner sehr stolz sind. *(Louisa Kulke)*

Politische Parolen und politische Realität

Wem fallen sie beim Stadtrundgang oder während der Fahrt im Bus oder Mietwagen nicht auf: die bunten, handgeschriebenen Schriftzüge an Hauswänden oder weiß getünchten Mauern. „*Venceremos*“ (Wir werden siegen!), „*Hasta la victoria siempre*“ (Auf ewig zum Sieg!), „*Patria o muerte*“ (Vaterland oder Tod!) sind nur die bekanntesten Parolen. Sie müssen aber nicht immer politisch sein, mitunter appellieren sie auch daran, auf den Energieverbrauch in den eigenen vier Wänden zu achten und Strom zu sparen. Dennoch sind gerade die politischen Parolen – oftmals mit den Konterfeis von Fidel und Raúl Castro, Che Guevara und Camilo Cienfuegos bebildert – sehr zahlreich und selbst in abgelegenen Ortschaften immer wieder zu sehen. Als ausländischer Besucher stellt man sich mitunter die Frage, warum ausgerechnet für die Parolen die Wandfarbe verwendet oder der Hintergrund mit Putz ausgebessert wurde, wenn das Wohnhaus, auf dem sie gemalt sind, sich kurz vor dem Einsturz befindet?

Die Kubaner haben gelernt, mit den Losungen zu leben. Für den einen drücken sie seine politische Überzeugung aus, für den anderen sind sie nichts weiter als ein Schriftzug, der wenigstens ein bisschen Farbe ins Grau der alten, bröckelnden Fassaden bringt.

Nach dem Sieg der Revolution waren sie sicherlich ein Ausdruck des Stolzes und der Stärke, den Kampf gegen den Kasinokapitalismus in Kuba und für die Unabhängigkeit der Insel gewonnen zu haben. Bedenkt man, dass Fidel Castro und Che Guevara bereits 1956 mit ihrem überladenen Boot „Granma“ aus Mexiko nach Kuba kamen und Fidel Castro erst 1959 die Revolution für siegreich erklärte, versteht man den Willen der Revolutionäre in schwierigen, entbehrungsreichen Momenten – etwa in der Sierra Maestra – bis zum ewigen Sieg zu kämpfen. Überdies waren nicht alle in Kuba mit der politischen Richtungsänderung, den Enteignungen und der Verstaatlichung

Die mächtige und siegreiche Revolution schreitet voran

des Eigentums einverstanden. Die kubanische Opposition und sogenannte Konterrevolutionäre wurden bei einigen ihrer Aktionen gegen die Revolution und ihre Vordenker auch von den USA unterstützt. Die innen- und außenpolitische Lage Kubas war also zu Beginn der 1960er Jahre durchaus angespannt und fand mit der Stationierung sowjetischer Atomraketen in der Kubakrise (1962) ihren Höhepunkt. Mit der raschen Gründung der Massenorganisation „Komitee zur Verteidigung der Revolution“ (Comité de Defensa de la Revolución, CDR) sollte die Bevölkerung vor terroristischen und konterrevolutionären Angriffen geschützt und die Ideale der Revolution schnell bis in den letzten Winkel des Landes verbreitet werden. Politische Parolen an Häusern und Wänden waren somit ein sehr einfaches Mittel, die neuen gesellschaftlichen Ideale bekannt zu machen, den Zusammenhalt zu stärken und die Bevölkerung dafür zu gewinnen. Nicht jeder Haushalt, schon gar nicht in den ländlichen, teils noch kaum erschlossenen Regionen, verfügte über einen Fernsehapparat oder ein Radio.

Ante la crisis mundial capitalista … (Angesichts der weltweiten Kriese des Kapitalismus bleibt uns keine andere Wahl als fest zusammenzustehen)

Hasta la Victoria siempre (Auf ewig zum Sieg)

Seit der Sonderperiode haben die Schriftzüge eher den Charakter von Durchhalteparolen. Sie sollen ausdrücken, dass die politische Führung um die Schwierigkeiten des Landes und der Kubaner weiß und nach Lösungen für eine „bessere Welt“ sucht. So kann man auch an einigen Autobahnbrücken lesen: „*Un mundo mejor es posible*“ (Eine bessere Welt ist möglich!). Sie suggerieren, dass die politische Führung – und zuvor Fidel Castro als alleiniger Regent – den Sozialismus für den richtigen Weg des Landes hält, obwohl im Moment die äußeren Rahmenbedingungen schwierig sind. *Venceremos* und *Hasta la victoria siempre* symbolisieren den Auftrag jedes Kubaners, tagtäglich an der Seite der politischen Führung an seinem Platz in der Gesellschaft für den Sozialismus zu kämpfen. Mittlerweile will aber gerade die junge Generation für ganz andere Ziele kämpfen. Das zeigte auch die Diskussionsveranstaltung von Informatikstudenten der Universidad de las Ciencias Informáticas mit dem Parlamentspräsidenten Ricardo Alarcón im Februar 2008. Angeregt durch die Aufforderung Raúl Castros zu einer offenen Debatte über die Situation Kubas, forderten die Studenten endlich Reisefreiheit, die Aufhebung der Zensur und uneingeschränkten Internetzugang; sie beklagten auch die Durchdrängung des täglichen Lebens mit Devisen, wo doch die Arbeiter und Bauern ihren Lohn nur in kubanischen Pesos erhalten. *(Daniel Krüger)*

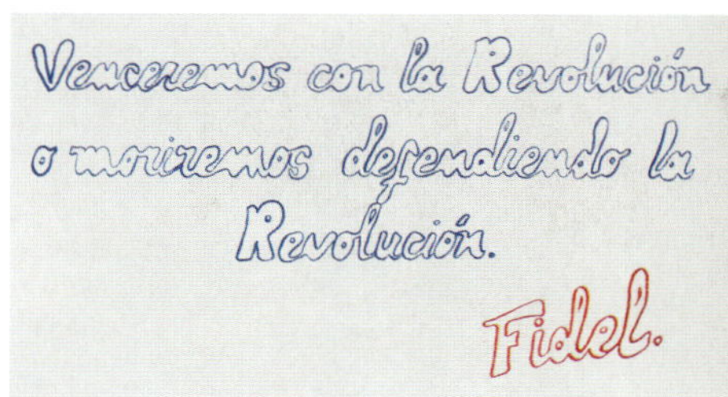

Parolen rufen zum vereinten Kampf für den Sozialismus auf (oben) oder beschwören den Patriotismus jedes Kubaners, für den „ewigen Sieg“ der Revolution notfalls auch zu sterben

Emp. Comercio y Gast.
Habana Vieja

2 Die Entwicklung der Wirtschaft in Kuba

Betrachtet man die Wirtschaftsentwicklung Kubas, so lassen sich seit Mitte des 20. Jahrhunderts drei unterschiedliche Phasen identifizieren: die Phase der US-amerikanischen Dominanz bis 1959, die Einbindung in die sozialistische Arbeitsteilung bis 1990 und die seitdem bestehende *período especial* (Sonderperiode).

Vor 1959 war die wirtschaftliche Situation für die Mehrzahl der Kubaner sehr schwierig, und nur eine kleine Oberschicht profitierte von den Beziehungen mit den USA. Weite Teile der modernen Wirtschaft, seien es Plantagen, Rohstoffförderung, Produktionsbetriebe oder Dienstleistungsunternehmen – von Hotels bis zu Spielkasinos –, befanden sich in US-amerikanischer Hand. Zudem bestand eine einseitige Exportabhängigkeit vom amerikanischen Markt: Rund zwei Drittel der Exporte Kubas entfielen auf die USA, Agrarprodukte ebenso wie die Rohstoffe (etwa Kupfer, Nickel, Rohöl) wurden in die USA verkauft. Im Gegenzug erhielt Kuba von dort Industrie- und Konsumgüter – über 80 Prozent der importierten Güter stammten aus den USA. Große Teile der Bevölkerung bezogen als Arbeiter nur geringe, oft nur saisonale Einkommen und hatten keinen Zugang zu Bildung oder medizinischer Versorgung. Die amerikanische politisch-ökonomische Hegemonie missfiel selbst Teilen der bürgerlichen Mittelschicht, die ein Selbstverständnis von kubanischer Unabhängigkeit besaßen. Insofern lässt sich die breite Zustimmung für die kubanische Revolution bei der einfachen Bevölkerung und auch in der Mittelschicht erklären.

Die Revolution brachte einen totalen Umbruch des Wirtschaftssystems. Zuerst stand die Idee im Vordergrund, ein neues und selbstständiges Produktionssystem aufzubauen, durch das Kuba einen hohen Grad der wirtschaft-

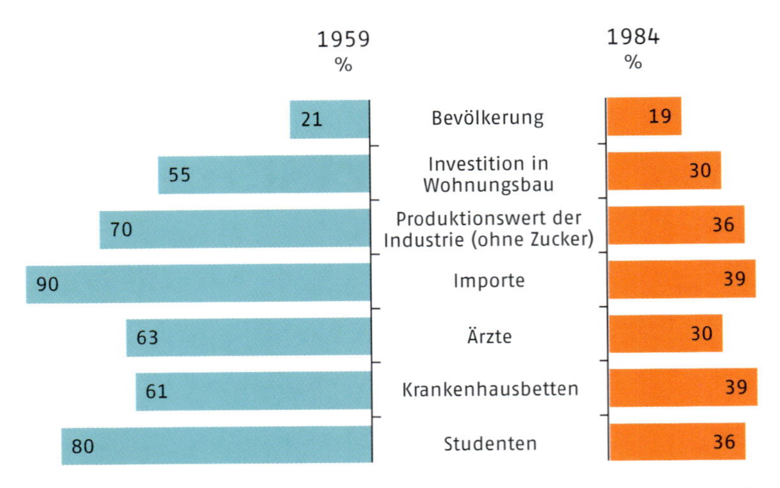

Veränderung der Dominanz von Havanna (Anteile Havannas an Kuba gesamt; nach Mertins 1993)

Maschinenfabrik in Holguin

lichen Selbstversorgung erlangen sollte. Che Guevara, der zuerst Präsident der Nationalbank (1959–1961) und dann Industrieminister (1961–1965) war, wirkte an der Nationalisierung der US-amerikanischen Unternehmen und der Enteignung des Großgrundbesitzes mit. Später forcierten er und die Regierung ein Entwicklungsprogramm, das mit den Schlagworten Diversifizierung und Dezentralisierung zu charakterisieren ist. So wurde eine eigene Industriegüterproduktion für den heimischen Markt aufgebaut. Sie besaß, wie in sozialistischen Systemen üblich, einen Schwerpunkt in der Schwergüterindustrie (z. B. Raffinerien), umfasste aber auch die Konsumgüterproduktion (z. B. Nahrungsmittelindustrie, Elektrogeräte). Der Ausbau der Industriebetriebe erfolgte in den Provinzhauptstädten, denn man wollte die wirtschaftliche Dominanz von Havanna im reduzieren und eine flächenhafte ökonomische Entwicklung erreichen. In Santiago und Matanzas entstanden Kraftwerke, Raffinerien und Petrochemie-Komplexe, in Cienfuegos Nahrungsmittel- und Baustoffindustrie, in Santa Clara die INPUD (Herstellung von Elektro- und Haushaltsgeräten) und in Holguín Maschinenbauindustrie (z. B. für Zuckerrohrernte und -verarbeitung).

Bis heute besitzt Kuba ein sozialistisch-planwirtschaftliches System: Betriebe und Produktionsmittel sind im staatlichen Besitz, privatwirtschaftliche Aktivitäten sind mit wenigen Ausnahmen (z. B. landwirtschaftliche Kleinbetriebe, Arbeit auf eigene Rechnung) verboten; der Staat besitzt das Außenhandels-, Währungs- und Finanzmonopol, Produktion, Preise und Konsum werden zentral geplant.

Aufgrund des Handelsembargos der USA musste ab 1961 ein neuer Wirtschaftspartner gesucht werden. Fidel Castro favorisierte und realisierte eine starke Anbindung an die UdSSR, während Che Guevara eher einen hohen Grad der Selbstständigkeit erhalten wollte. Diese unterschiedlichen Vorstellungen einer Entwicklungsstrategie mögen ein Grund für den Bruch zwischen beiden im Oktober 1965 und für die Ausreise von Che Guevara gewesen sein. Ab 1965 kehrte Kuba – auch auf Druck der Sowjetunion – zurück zu einer auf die Monokultur Zucker orientierten Wirtschaft, etablierte eine Planwirtschaft nach sowjetischem Vorbild und war eingebunden in das System der sozialistischen Arbeitsteilung des Rats für gegenseitige Wirtschaftshilfe (RGW). Im Außenhandel mit der UdSSR erhielt Kuba Sonderkonditionen: Zucker wurde über dem Weltmarktpreis abgenommen und Erdöl unter Weltmarktpreis geliefert. Diese Subventionen beliefen sich in den 1980er Jahren auf jährlich zwischen vier und fünf Milliarden US-Dollar. Die 1980er Jahre waren dann in Kuba auch eine Phase des relativen Wohlstandes. Für die Bevölkerung war die Nahrungsmittelversorgung weitgehend gesichert und sie konnte – meist aus Ostmitteleuropa stammende – langlebige Konsumgüter wie Fernseher und Kühlschränke auf Ratenzahlung erwerben; Plattenbausiedlungen schufen zusätzlichen Wohnraum. Hochrangige Beschäftigte erhielten sogar die Erlaubnis und Möglichkeit, Privatwagen (vor allem Polski-Fiat, Lada) zu erwerben.

Mit Perestroika und Glasnost in der Sowjetunion, der Systemtransformation in den Staaten Ostmitteleuropas sowie der Auflösung des RGW brachen 1989/1990 die Handelspartner weg, mit welchen Kuba bis dahin rund 85 Prozent seines Außenhandels abgewickelt hatte. Für seine Exportgüter erhielt Kuba nur noch die niedrigeren Weltmarktpreise, subventionierte Importe entfielen. Es kam zu einem radikalen wirtschaftlichen Einbruch mit dem Rückgang des Bruttoinlandsproduktes um mehr als ein Drittel. Im Land kam mangels Treibstoff der Güter- und Personentransport teilweise zum Erliegen, Produktionsanlagen mussten stillgelegt werden, Düngemittel für die Landwirtschaft fehlte ebenso wie das Kraftfutter für die Tierhaltung. Eine extreme Mangelsituation trat für die Bevölkerung auf, die nicht einmal mehr mit Grundnahrungsmitteln, geschweige denn mit Milch, Fleisch oder Eiern versorgt werden konnte. Ständige Stromausfälle, extreme Einschränkungen beim öffentlichen Personenverkehr, fehlendes Papier für Zeitungen, Defizite bei Medikamenten oder nicht verfügbare Konsumgüter prägten das Alltagsleben in den 1990er Jahren.

In dieser Situation musste die Regierung in ihrer Wirtschaftspolitik neue Wege gehen. Bei den erzwungenen Veränderungen in der Sonderperiode achtete sie aber immer darauf, nur kontrolliert und in begrenztem Umfang

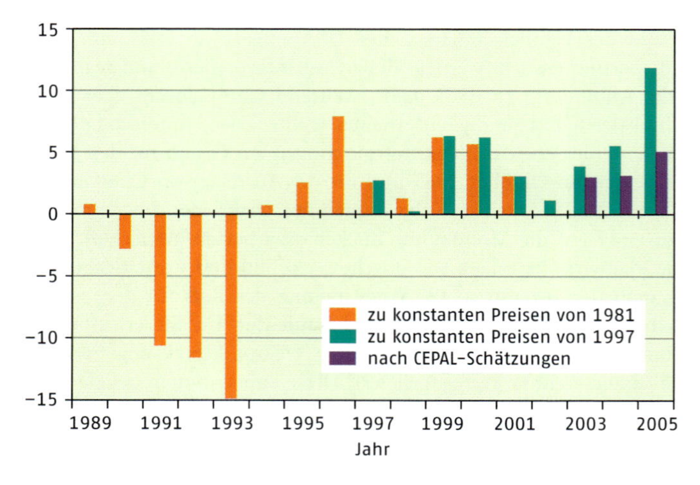

Entwicklung des Bruttoinlandsprodukts von Kuba 1989–2009 (nach gtai 2009 und Mertins 2007)

marktwirtschaftliche Elemente zuzulassen, um das sozialistische System nicht zu untergraben. Als wichtige Strategieelemente wurden in begrenztem Umfang private Tätigkeiten erlaubt, der internationale Tourismus ausgebaut und ausländische Direktinvestitionen in der Form von Joint Ventures ermöglicht. Tätigkeiten auf eigene Rechnung wurden in definierten Dienstleistungsbereichen der Gastronomie (Kleinrestaurants, sogenannte *paladares*), bei Unterkünften (private Zimmervermietung in *casas particulares*), im Transportwesen (Taxis) und bei personenbezogenen Diensten sowie im Bereich des Kleinhandwerks zugelassen. Der Ausbau von Hotels und touristischer Infrastruktur wie auch Erleichterungen bei der Einreise bewirkten einen raschen Anstieg der internationalen Besucherzahlen.

Wichtig für internationale Direktinvestitionen war das seit 1995 geltende Gesetz über Auslandsinvestitionen (*Ley No. 77*). Durch sie sollten der inländische Kapitalmangel, die Defizite bei Technologien und die geringe Diversität der Wirtschaft verringert werden. Die Investoren erhalten Steuerermäßigungen, befristete Steuerbefreiungen und die Möglichkeit des Gewinntransfers. Investitionen gab es im Bereich Rohstoffgewinnung (z. B. Nickel, Erdöl), in Produktionsbetriebe (z. B. Zement, Raffinerien, Konsumgüter) sowie im Dienstleistungssektor (z. B. Telekommunikation, Hotels). Zwischen 1993 und 2002 flossen ausländische Investitionen in Höhe von rund 2,1 Milliarden US-Dollar nach Kuba, mehr als zwei Drittel aus Spanien, Kanada, Venezuela und Italien. In jüngerer Zeit hat sich die Dynamik allerdings re-

Direktinvestition zur Verarbeitung von Fruchtsaft

duziert: In den Jahren 2006 bis 2008 betrug der jährliche Zufluss nur noch um 30 Millionen US-Dollar. Das abnehmende Interesse liegt teilweise daran, dass die Bedingungen für Investitionen in Kuba schwieriger als in anderen Länder sind: Beschäftigte können die Unternehmen nicht selbst anwerben, sondern sie werden ihnen von einer kubanischen Arbeitsgesellschaft vermittelt; Importe von Produktionsmitteln erfolgen umständlich über staatliche Einrichtungen; der bürokratische Aufwand für Genehmigungen ist sehr hoch; nach wie vor bestehen Mängel bei der Energieversorgung; die freie Standortwahl bleibt stark eingeschränkt; Investitionen mit einer Orientierung auf inländischen Absatz sind in Bereichen, in denen bereits kubanische Betriebe arbeiten, nicht möglich. Auch bieten andere Länder für Investoren deutlich bessere Bedingungen wie Rechtssicherheit, kalkulierbare politische Rahmenbedingungen, ausgebaute Infrastruktur, niedrige Lohnkosten und Zugang zum Binnenmarkt.

Nach den Bemühungen, eine inländische Diversifizierung und einen höheren Grad der wirtschaftlichen Selbstständigkeit zu erreichen, zeigen sich

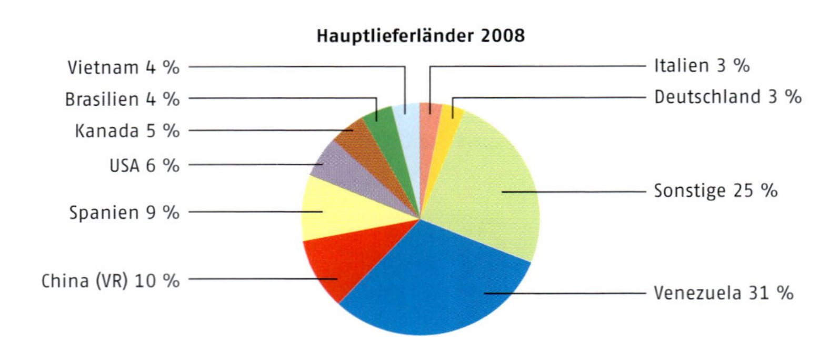

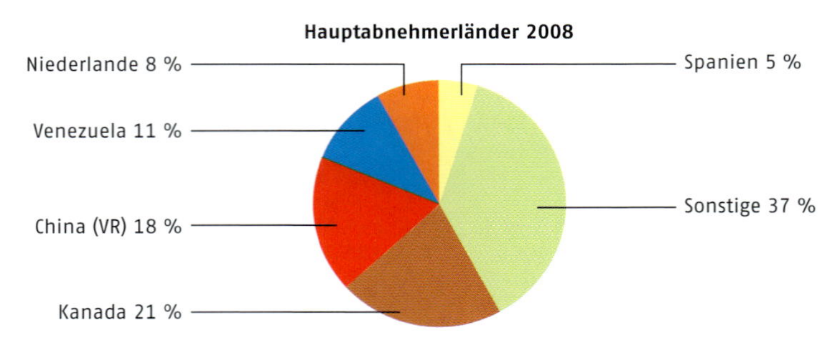

Handelspartner – Lieferländer und Abnehmerländer (nach gtai 2009 a)

in jüngster Vergangenheit erneut Tendenzen einer einseitigen Anbindung. Besonders intensiv sind die Verflechtungen mit Venezuela und neuerdings auch mit China. Mit Venezuela, das rund ein Drittel aller Importgüter liefert, bestehen heute ähnliche Beziehungen wie früher zur Sowjetunion. Kuba bezieht von dort Erdöl unter dem Weltmarktpreis und bezahlt dieses mit Lieferung von Dienstleistungen. Kubanische Ärzte und Lehrer arbeiten in Venezuela, venezolanische Medizinstudenten werden in Kuba ausgebildet, und Patienten aus Venezuela werden in kubanischen Krankenhäusern behandelt (vor allem Operationen).

China hat besonderes Interesse an den Rohstoffvorkommen Kubas, vor allem an Nickel- und Kobaltlieferungen. In einem chinesisch-kubanischen Joint Venture wird Nickel gefördert und bearbeitet. Dafür stellt Kuba sein Know-how für die biotechnologische und pharmazeutische Produktion in China zur Verfügung. Und China liefert wichtige Industrieprodukte wie Busse, Fernseher und Kühlschränke auf Kredit zu sehr niedrigen Zinsen an Kuba. Heute ist China mit einem Importanteil von über zehn Prozent und einem Exportanteil von fast zwanzig Prozent der zweitwichtigste Handelspartner Kubas.

Durch die Neuorientierung konnte Kuba in den 2000er Jahren wieder einen realen Zuwachs des Bruttoinlandsprodukts erzielen, allerdings ausgehend von einem niedrigen Ausgangsniveau. Langsam hat sich auch die Lebenssituation der Bevölkerung, vor allem die Versorgung mit Grundnahrungsmitteln, wieder etwas verbessert. Allerdings dauert die Sonderperiode mit starken Konsumeinschränkungen, einer Güterproduktion weit unter den möglichen Kapazitäten sowie gravierenden Transport- und Energieproblemen weiter an. Nach wie vor gilt auch das Embargo der USA, welches aber für Kuba möglicherweise weniger von wirtschaftlichem Nachteil als von politischem Vorteil ist. Denn die Regierung kann nach wie vor argumentieren, dass die wirtschaftlichen Probleme nicht selbst verschuldet, sondern von außen verursacht sind. Insofern leistet die US-amerikanische Politik einen Beitrag zur Systemstabilisierung in Kuba. *(Elmar Kulke)*

Zuckeranbau

Denkt man an Kuba, denkt man auch immer an Zuckerrohr, und oft wird Kuba schlicht als „Zuckerinsel“ bezeichnet. Und tatsächlich besitzt der Zuckeranbau seit Jahrhunderten große wirtschaftliche und gesellschaftliche Bedeutung. Bereits mit den Entdeckungsfahrten von Kolumbus wurde das ursprünglich aus Asien stammende Süßgras *Saccharum officinarum* nach Kuba gebracht, und im Jahr 1535 erhielt die erste Zuckermühle eine Produktionslizenz.

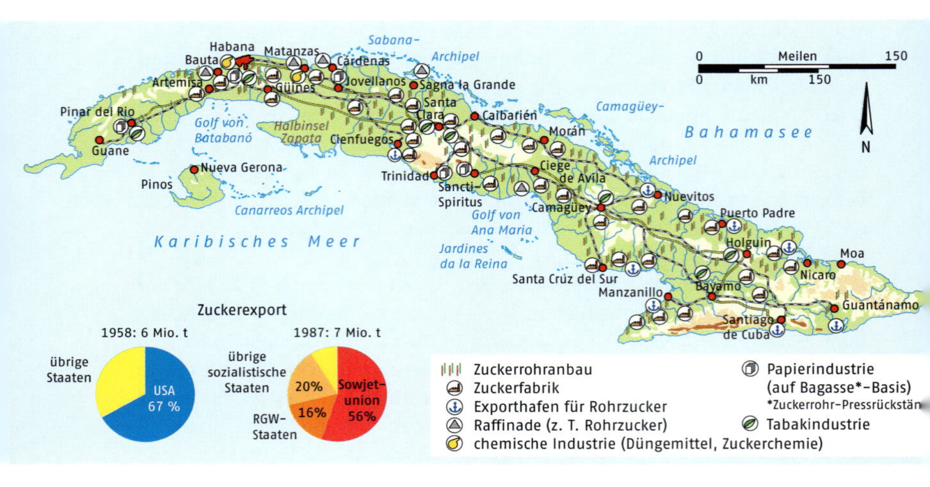

Zuckerwirtschaft in Kuba (nach Diercke Weltatlas 1992)

Dreieckshandel

Schnelle bewaffnete Segler brachten aus Europa Textilien und Industriewaren nach Afrika und tauschten sie dort gegen Sklaven. Diese wurden über den Atlantik nach Kuba transportiert und gewinnbringend in den Zentren des Sklavenhandels, wie beispielsweise Trinidad, verkauft. Beladen mit Zucker, Rum und Tabak segelten die Schiffe zurück nach Europa, um sich von dort aus wieder auf ihren Dreieckskurs zu begeben.

Eine königliche Verordnung erlaubte das Abholzen der Wälder und den Anbau von Zuckerrohr. Anbauschwerpunkte waren in den folgenden Jahrhunderten die Regionen um Trinidad (Valle de los Ingenios), Matanzas und Havanna.

Der erste große Zuckerboom setzte in der zweiten Hälfte des 18. Jahrhunderts ein. Er basierte auf dem sogenannten Dreieckshandel. Für die Plantagen in Kuba waren Sklaven das entscheidende Produktionsmittel. Mitte des 18. Jahrhunderts arbeiteten etwa 30 000 Sklaven auf kubanischen Zuckerplantagen, zu Beginn des 19. Jahrhunderts waren es bereits über 400 000. Insgesamt wurden rund 1,3 Millionen Sklaven nach Kuba gebracht. Mit billiger Sklavenarbeit konnte Zuckerrohr preisgünstig angebaut und

Der Sklavenwachturm Torre Iznaga

geerntet werden. Die Sklaven arbeiteten von Sonnenaufgang bis Sonnenuntergang und wurden nachts in Baracken eingesperrt, eine Versorgung mit Lebensmitteln und Medizin erfolgt nur so weit, um ihre Arbeitskraft zu erhalten. Von Türmen wurden die Arbeit auf den Feldern überwacht, und Aufstände sofort erkannt; bewaffnete Wächter vereitelten Fluchtversuche. Der Torre Iznaga im Valle de los Ingenios („Tal der Zuckermühlen") bei

Herrenhaus der Iznaga-Plantage

Stadtpaläste der Zuckerbarone in Trinidad

Trinidad ist ein bauliches Zeugnis dieser Zeit. Das angrenzende Herrenhaus und die Stadtpaläste in Trinidad geben zugleich Aufschluss über das damals in Kuba und anderen lateinamerikanischen Staaten vorherrschende System des „Rentenkapitalismus".

Möglichst lange versuchten die Zuckerbarone, dieses für sie profitable System zu erhalten. Obwohl in England bereits 1808 und in Spanien 1817 offiziell der Sklavenhandel verboten wurde, blieb er in Kuba weiter erhalten. Erst mit dem Ende des US-amerikanischen Bürgerkrieges wurde Kuba isoliert und musste schließlich 1886 das System aufgeben.

Inzwischen ermöglichte der technische Fortschritt eine Weiterführung des Zuckerrohranbaus ohne Sklaven. Der Ausbau des Eisenbahnnetzes erlaubte den Transport der Ernte zu den Fabriken und des Zuckers zu den Häfen, und in den von Dampfmaschinen betriebenen Fabriken konnten das Zuckerrohr rasch zu „weißem Gold" verarbeitet werden. Zucker blieb ein wichtiges Exportprodukt.

Zum zweiten großen Zuckerboom kam es in der sozialistischen Phase des 20. Jahrhunderts. Innerhalb des RGW-Systems der sozialistischen Arbeitsteilung übernahm Kuba die Zuckerproduktion für die Sowjetunion und die sozialistischen Staaten Europas. Die Sowjetunion subventionierte dabei ihren „Flugzeugträger Kuba" vor der Küste Amerikas durch den Kauf des Zuckers zu Preisen, die weit über denen lagen, die am Weltmarkt bezahlten wurden (z. B. 1968 für 6,11 US-Cent pro Pfund bei einem Marktpreis von 3,39 US-Cent), und durch die Lieferung von Rohöl ebenfalls weit unter Weltmarktpreis. Anbauflächen und Zuckerproduktion wurden unter diesen Bedingungen massiv ausgeweitet. Fidel Castro versuchte im Jahr 1970, durch Massenmobilisierung die „*Gran Zafra*" (Große Ernte) mit zehn Millionen Tonnen Zuckerproduktion zu erreichen. Mit 8,5 Millionen Tonnen blieb man zwar hinter dem Plansoll zurück, erzielte aber dennoch die größte

(Fast) alles für einen

Im System des Rentenkapitalismus überlassen die Großgrundbesitzer die Bewirtschaftung ihrer Ländereien angestellten Verwaltern und besuchten die Haziendas nur gelegentlich; die Gewinne aus dem Zuckeranbau – die Renten – verkonsumierten sie in den Städten und bauten sich dort prächtige Paläste. Dagegen unterblieben Investitionen in moderne Produktionsbereiche. Manche Wissenschaftler sehen in diesem System die Ursache dafür, dass Lateinamerika anders als Europa im 19. und beginnenden 20. Jahrhundert keine Industrialisierung und keinen wirtschaftlichen Aufschwung erfuhr.

Entwicklung der Zuckerproduktion in Kuba

Jahr	Zuckerproduktion in Mio. Tonnen
1981	6,8
1990	8,0
1996	4,5
2000	4,0
2004	2,5
2008	1,5

Quelle: INIE 2009

jemals erreichte Menge. Für die Zuckerwirtschaft entwickelte Kuba eigene Erntemaschinen, das Eisenbahn-Schmalspurnetz um die Fabriken wurden ausgebaut und moderne Produktionsanlagen errichtet. Düngemittel, Pflanzenschutzmittel und Treibstoffe kamen aus den sozialistischen Ländern Europas. In den 1970er und 1980er Jahren lag die Zuckerproduktion ständig zwischen sieben und acht Millionen Tonnen.

Dieses für Kuba vorteilhafte System brach mit dem Ende des Sozialismus in Europa vollständig zusammen. Auf dem Weltmarkt erzielte Kuba nur noch deutlich geringere Erlöse; Treibstoffe für die Maschinen und Fabriken fehlten ebenso wie Düngemittel und Pflanzenschutzmittel. Die Zuckerproduktion ging stark zurück, sie liegt heute bei nur noch 1,5 Millionen Tonnen. Die Hektarerträge von Zuckerrohr sanken von rund 50 Tonnen (1981) auf unter 30 Tonnen (2008), was ein Ausdruck der Produktionsmängel ist. Überall im Land stehen aufgegebene Zuckerfabriken sowie verrostete Erntegeräte, und unbewirtschaftete Brachflächen prägen die Landschaft.

Auch wenn die Zuckerproduktion gegenwärtig nicht mehr die gleiche Bedeutung wie in der Vergangenheit besitzt, hat sie doch nachhaltigen Einfluss auf das Land genommen. Die ethnische Zusammensetzung der Kubaner ist das Ergebnis der Sklavenimporte, die prächtigen Wohnpaläste in den Städten sind Zeugnis der historischen Zuckerwirtschaft und die weiten offenen Flächen in der Agrarlandschaft waren oftmals Zuckerrohrfelder. *(Elmar Kulke)*

Vielseitig verwendbares Süßgras: Die Weiterverarbeitung von Zuckerrohr

Dass aus Zuckerrohr Zucker hergestellt wird, ist allgemein bekannt, aber das Rohr kann obendrein zu fast hundert Prozent auch für andere Zwecke genutzt werden.

Bei der Ernte von Zuckerrohr kommt es zuerst auf einen raschen Transport zur Zuckerfabrik und dann auf eine sofortige Weiterverarbeitung an, möglichst innerhalb von zwölf bis 24 Stunden nach dem Schnitt. Denn unmittelbar nach dem Schnitt beginnt sich der Saccharosegehalt, der bis zu 15 Prozent des Rohmaterials ausmacht, zu verringern. Die Zuckerfabriken stehen darum in allen ländlichen Gebieten Kubas unmittelbar bei den Flächen des Zuckerrohranbaus. Im Sinne der Reduzierung der Transportkosten ist das der kostengünstigste Standort, da das Endprodukt wesentlich leichter ist als das Eingangsmaterial. Meist durchzieht die Anbaugebiete ein Netz von Schmalspurgleisen, auf dem das frisch

Zuckerrohrfeld

Zuckerrohrernte

Zuckerfabrik in Jatibonico

geschnittene Rohr mit Loren zur Fabrik transportiert wird. In der Erntephase des Zuckerrohrs, zwischen Januar und April, sieht man überall im Land die qualmenden Schornsteine der Verarbeitungsanlagen, den Rest des Jahres stehen die Fabriken still. Ende der 1990er Jahre arbeiteten in Kuba noch etwa 160 Zuckerfabriken, mit dem Rückgang der Anbauflächen von 1,6 Millionen Hektar im Jahr 2002 auf 800 000 Hektar 2008 ist ihre Zahl auf heute 60 Fabriken geschrumpft.

In den Zuckerfabriken (*centrales*) wird das Rohr zerkleinert und anschließend gepresst, dabei gewinnt man einen süßen Dünnsaft (*guarapo*). Die Zellulose der übrigen faserigen Rohrrückstände, die sogenannte Bagasse, eignet sich zur Herstellung von Papier, Pappe oder Spanplatten. Bisher entstanden in Kuba daraus nur einfachere braune Papiersorten wie etwa Packpapier. Inzwischen gibt es moderne Anlagen, zum Beispiel in Jatibonico in der Provinz Sancti Spíritus, die auch weißes Papier produzieren. Allerdings verfügen die meisten Zuckerfabriken über keine ergänzende Papieranlage, weshalb die Bagasse verbrannt und die entstehende Wärme für die weitere Verarbeitung des Dünnsaftes eingesetzt wird. Aus diesem entsteht durch Filtern und Einkochen ein zähflüssiger Sirup, die Rückstände aus der Filterung finden als Düngemittel auf den Feldern oder als Kraftfutter für die Viehhaltung Ver-

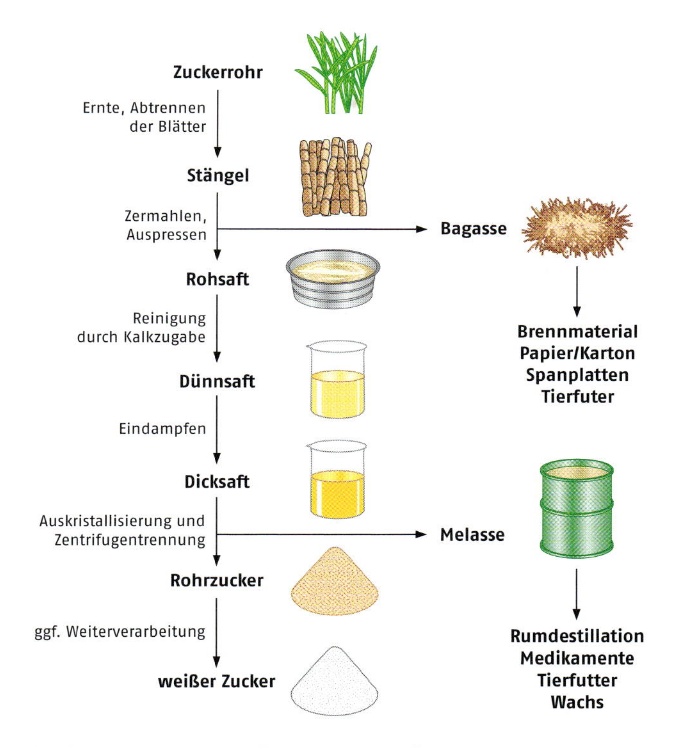

Schritte und Produkte der Zuckerrohrverarbeitung

wendung. In Zentrifugen kristallisiert der Zucker aus, und ein bräunlicher zähflüssiger Saft, die Melasse, bleibt übrig. Die Melasse wird in Fabriken in die Städte geliefert, sie bildet den Grundstoff für die Herstellung von Rum. Schließlich wird der braune Rohzucker noch raffiniert – fertig ist das Welthandelsprodukt Weißzucker.

Aber Zuckerrohr ist ein vielseitig nutzbarer Vertreter der Süßgräser: In Brasilien fahren inzwischen Millionen von Autos mit Alkohol, der aus Zuckerrohr gewonnen wurde. Der Energiequotient, das Verhältnis von Energieproduktion und Energieeinsatz zum Beispiel in Form von Düngemitteln und Treibstoffkosten für Traktoren, liegt bei Zuckerrohr mit 8,0 bis 10,0 weit über dem von Zuckerrüben (2,0 bis 3,0), Mais (1,3 bis 1,8) oder Getreide (1,1 bis 1,2). Unter den klimatischen Bedingungen Kubas könnte Zuckerrohr einen wichtigen Beitrag zur Treibstoffversorgung und auch zur Erzeugung von elektrischer Energie leisten. Dem stehen aber viele technische Probleme gegenüber. Die Erträge von Zuckerrohr liegen aufgrund fehlender Düngemittel, Pflanzenschutzmittel und Traktortreibstoffe mit etwa 30 Tonnen je Hektar weit unter dem möglichen Wert von hundert Tonnen je Hektar. Investitionen in die Weiterverarbeitung wären nötig, für die aber die Mittel fehlen. Und schließlich vertragen die alten Automotoren keinen Alkoholtreibstoff. *(Elmar Kulke)*

Rum – die Ikone Havana Club

„Meinen Mojito in der Bodeguita, meinen Daiquirí in der Floridita" soll Ernest Hemingway in das Gästebuch der Bodeguita del Medio, einer kleinen Kneipe im Stadtteil Alt-Havanna, geschrieben haben. Egal in welcher Variante, ob mit Minze, dem Saft von Limetten oder koffeinhaltiger Limonade – die Basis ist und bleibt der Rum. Kuba ist neben Sonne, Strand und Salsa auch bekannt für seinen Rum.

Er wird entweder aus frisch gepresstem Zuckerrohrsaft, dem *guarapo*, oder einem Nebenprodukt der Zuckerproduktion, der Melasse, hergestellt. Besonders in der industriellen Rumproduktion verwendet man die Melasse: ein dunkelbrauner, dickflüssiger Zuckersirup, der nach der Kristallisation des braunen Rohrzuckers in den Zentrifugen übrig bleibt. Die Melasse, die noch zu etwa 60 Prozent aus nicht mehr kristallisationsfähigem Zucker besteht, wird in den Rumfabriken mit Hefekulturen vermischt. Bei Temperaturen von etwa 45 °C dauert die Fermentation in der Regel nur ein bis zwei Tage, am Ende des Gärungsprozesses entsteht die sogenannte Maische mit einem Alkoholgehalt von fünf bis zehn Prozent. Die Art der Gärung und die eingesetzte Hefekultur bestimmen bereits die spätere Geschmacksrichtung des Rums. Die Maische wird nun mit Wasser vermischt und erhitzt, um den Alkoholgehalt auf Werte zwischen 70 und 95 Prozent zu erhöhen. Da Alkohol und Wasser verschiedene Siedepunkte besitzen, verdampfen beim Erhitzen der Maische zunächst der Alkohol (bei 78,3 °C) und ein Teil des Wassers. Der Dampf wird mit Glocken aufgefangen, kondensiert und damit in seine Bestandteile Alkohol und Wasser getrennt. Am Ende der Destillation wird der Alkohol mit destilliertem Wasser vermischt; das Produkt bezeichnet man als *aguardiente* (Branntwein), es kann bereits für Mixgetränke verwendet werden. In Trinidad zum Beispiel gibt es in den Kneipen die *canchanchara*, ein Mixgetränk aus *aguardiente*, Limettensaft, Zucker, Honig und Mineralwasser. Für die Herstellung von Rum fehlt aber noch ein entscheidender Schritt: die Reifung in Fässern aus amerikanischer Weißeiche, die zuvor von innen ausgebrannt wurden. Dabei werden nicht

Abfüllarbeit in einer Rumfabrik

Rumlagerung in Eichenfässern – natürlich mit politischer Parole

gewünschte Inhaltsstoffe vom Holz aufgesaugt, gleichzeitig nimmt der Rum das Aroma vom Holz der Fässer an. Je länger er in den Eichenfässern lagert, desto weicher und milder wird sein Geschmack und desto dunkler ist seine Farbe. Der weiße *Silver Dry* lagerte nur kurz im Fass, beim dreijährigen Rum sieht man bereits die gelbliche Färbung der Fasslagerung, und beim dunkelbraunen *Gran Reserva* schmeckt man die Milde und Gelassenheit der vergangenen 15 Jahre.

Als Begründer der modernen Rumherstellung gilt der aus Katalonien stammende Facundo Bacardí y Mazó, der 1830 nach Santiago de Cuba auswanderte und zunächst ein Wein- und Spirituosengeschäft mehr schlecht als recht betrieb. Nachdem er eine bankrotte Brennerei in Santiago de Cuba zusammen mit seinem Partner José León Bouteiller aufkaufte, wurde am 2. Juni 1862 die Gesellschaft Bacardí-Bouteiller in das Handelsregister eingetragen. Nach vielen Experimenten perfektionierte er die Herstellung von Rum aus Melasse, legte auf das zugesetzte Wasser und die Hefekulturen größten Wert, entwickelte ein mehrstufiges Destillationsverfahren und erkannte die magische Wirkung der ausgebrannten Eichenholzfässer auf den Geschmack. Im Gegensatz zu dem vorher üblichen und billigen „Feuerwasser" war sein Rum mit der Fledermaus, der *Carta Blanca*, weiß, mild – und schnell berühmt. Bis Oktober 1960 produzierte und lebte die Familie Bacardí in Kuba. Nachdem die Fabriken verstaatlicht wurden, wanderten sie nach Puerto Rico, Barbados oder in die USA aus.

Havana Club – el ron de Cuba! Es ist zwar nicht der einzige kubanische Rum, aber neben *Ron Varadero* oder *Ron Santiago de Cuba* ist er der bekannteste auch hierzulande. Dabei handelte es sich ursprünglich um ein Unternehmen einer spanischstämmigen Familie, die zwischen 1934 und bis zur Auswanderung 1960 die Marke *Havana Club* in Kuba herstellte. Als 1973 die Registrierung der Marke auslief, hatte das staatliche Unternehmen Cubaexport die Marke *Havana Club* in das Handelsregister der USA und 80 weiterer Länder eintragen lassen. Seit 1993 ist *Havana Club* ein Joint Venture zwischen Pernot-Ricard aus Frankreich und der kubanischen Regierung. Der *anejo blanco* eignet sich, wie alle anderen jungen Rumsorten auch, hervorragend zum Mixen

Flasche des berühmten *Havana Club*

von Mojito, Daiquirí oder Cuba Libre. Bei Letzterem ist es selbst für Kubaner nicht gefährlich, wenn sie in einer Bar oder zuhause mit Freunden lautstark *Cuba Libre* (Freies Kuba!) rufen und dabei mit der Anzahl der gezeigten Finger die Anzahl der Mixgetränke meinen. *(Daniel Krüger)*

Edle Blätter – warum wächst der beste Tabak der Welt in Kuba?

Ausgesprochene Verwunderung löste bei den spanischen Konquistadoren der Brauch der Indios in Kuba aus, gerollte Blätter – sogenannte *tabacos* – anzuzünden, zum Mund zu führen und danach aus Mund und Nase Rauch auszustoßen. Doch schon bald erlagen sie selbst der Faszination dieses Genusses, und im 16. Jahrhundert eroberte Tabak – zuerst in Pfeifen geraucht – Europa. Im 18. und 19. Jahrhundert wurde der Tabakgenuss, nun auch in Form von Zigarren, eine verbreitete Mode in Europa, und für die spanischen Siedler in Kuba eröffneten sich neben dem „weißen Gold" Zucker mit dem „braunen Gold" Tabak weitere lukrative Einnahmemöglichkeiten. Noch

Tabakanbaubetrieb mit Wohnhaus und Trockenschuppen

heute hat der Export von Zigarren große wirtschaftliche Bedeutung für Kuba; dabei erfolgt keine Massenproduktion von Zigarettentabaken, vielmehr besteht eine ausgeprägte Spezialisierung auf hochwertige, ja die besten Zigarren der Welt.

Während aber Zucker fast überall in Kuba angebaut werden kann, eigenen sich nur wenige Standorte für ausgezeichneten Tabak. Die besten Tabake der Welt wachsen in der Region um Pinar del Rio im Westen Kubas auf rund 30 000 Hektar. Die hohe Qualität hängt zusammen mit den klimatischen Bedingungen in der Hauptvegetationsphase von Oktober bis Februar mit mild-warmen Temperaturen, passender Sonneneinstrahlung, ausreichender Luftfeuchtigkeit und möglicher Bewässerung; dazu kommt die besondere Beschaffenheit der Böden, auf denen die Tabakpflanzen heranreifen. Das feinste Deckblatt der Welt, „Connecticut Shade", wächst auf nur 40 Hektar im Vuelta-Abajo-Tal.

Der Anbauzyklus beginnt im Juli bis September mit der Vorbereitung des Bodens. In Saatbeeten werden Ende September/Anfang Oktober die Samen gesät und regelmäßig mit Wasser bestäubt. Aus *Criollo*-Samen entstehen Pflanzen für Um- und Einlageblätter, aus *Corojo*-Samen Pflanzen für das Deckblatt. Nach etwa 45 Tagen werden die etwa 20 Zentimeter großen Setzlinge im Oktober und November auf den Feldern (*vega tabacal*) eingepflanzt. *Criollo*-Pflanzen entwickeln bei voller Sonneneinstrahlung ihr vielfältiges Aroma. Dagegen decken aufgespannte Tücher (*tapados*) die *Corojo*-Pflanzen ab und schützen sie vor direkter Sonne, damit hellere, feingliedrige, dünne und geschmeidige Blätter wachsen. Von Januar bis März erfolgt die Ernte, bei der jedes einzelne Blatt mehrfach geprüft und zum richtigen Reifezeitpunkt geschnitten wird. Jede Pflanze liefert etwa 16 bis 18 Blätter, wobei von unten beginnend alle fünf bis sieben Tage zwei bis drei Blätter geerntet werden

Tabakpflanzer – Spezialisten unter den Landwirten

Entscheidend für die Qualität des Tabaks ist auch das über Generationen weitergegebene Wissen der Tabakbauern, welche Standorte ihrer Flächen sich für Tabak eignen, wann angepflanzt wird, wie und wann die Pflanzen vor zu starker Sonneneinstrahlung geschützt werden müssen und wann jedes einzelne Blatt geerntet wird. Entsprechend dominiert beim Tabakanbau eine sehr arbeitsintensive Handarbeit. Und selbst im sozialistischen Kuba werden die exzellenten Tabake ausschließlich in Privatbetrieben angepflanzt: Planwirtschaft ohne eigenes Engagement der Mitarbeiter würde nur zu mäßigen Qualitäten führen.

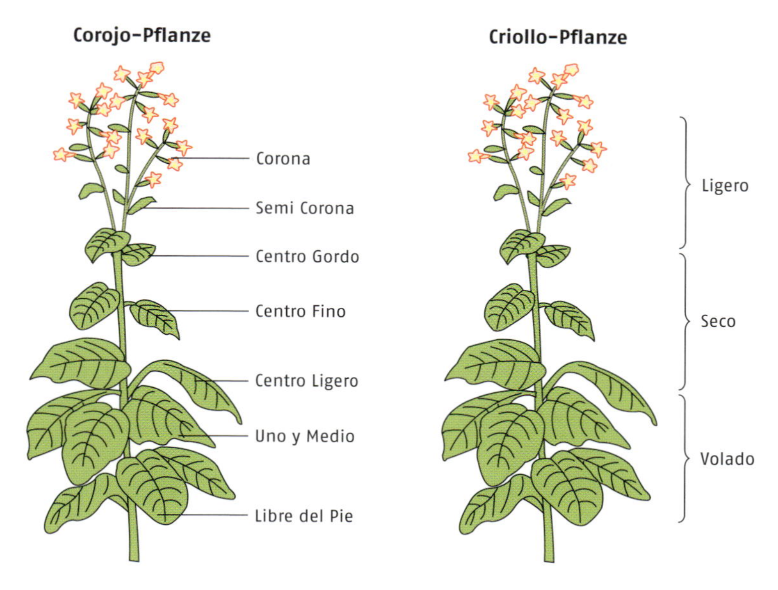

Tabakpflanzen Corojo und Criollo

Trocknen der Tabakblättern auf Stangen

können. Die Blätter am Fuß der Pflanze (*volado*) haben das mildeste Aroma, die mittleren (*seco*) ein mittleres Aroma und die Blätter der Pflanzenspitze (*ligero*) das am stärksten ausgeprägte Aroma.

Die geernteten Blätter werden am Stiel auf Draht aufgefädelt, über Stangen (*cuje*) gehängt und in Trockenschuppen gebracht. Diese großen Schuppen sind ein auffälliges Merkmal der Agrarlandschaft in der Tabakprovinz Pinar del Rio. Mit Klappen an den Giebelseiten können dort Belüftung und Temperatur geregelt werden; falls nötig erfolgt auch eine Befeuchtung. Nach vier Wochen werden jeweils etwa 20 Blätter zu Bündeln zusammengefügt und auf Brettern gelagert. Die Trocknungsphase auf dem Hof der Tabakbauern dauert rund zwei Monate, dann sind die Blätter fertig zum Verkauf. Kenntnisse und Erfahrungen der Tabakbauern besitzen entscheidende Bedeutung für die erlangten Qualitäten während der Wachstums- und Trocknungsphase. *(Elmar Kulke)*

Herstellung von *puros*: vom exzellenten Tabak zur erlesenen Zigarre

Die Weiterverarbeitung des Tabaks zu erlesenen Zigarren (*puros*) erfolgt in zwei Schritten: Zuerst nehmen spezialisierte Betriebe die mehrere Monate dauernde Fermentation vor, anschließend werden die Tabakblätter in den Zigarrenfabriken zum Endprodukt verarbeitet. Beide Bearbeitungsschritte erfolgen in staatlichen Betrieben, die allerdings deutlich höhere Löhne als in Kuba üblich zahlen. Bei allen Bearbeitungsschritten dominiert Handarbeit, und jedes einzelne Blatt wird sorgfältig behandelt. Der Produktionsablauf entspricht dem von Manufakturen, wie es sie in Europa im 17. und 18. Jahrhundert als Vorläufer der Industrie gab.

In den Fermentationsbetrieben werden die Tabakblätter zu 90 bis 180 Zentimetern hohen Haufen (*pilones*) aufgestapelt; durch das dichte Zusammenpacken beginnt der Prozess des „Schwitzens". Langsam erhöht sich die Temperatur (sie wird mit langen Thermometern überwacht), und Feuchtigkeit, Nikotin und Ammoniak treten aus. Nach einer ersten etwa 30 Tage dauernden Phase werden die Blätter nach Farbe, Größe und Qualität sortiert und die Hauptrippe entfernt. Vor allem Frauen erfüllen diese Aufgabe in einem Raum, der wie ein Klassenzimmer des 19. Jahrhundert aussieht. Es folgt eine zweite längere Fermentationsphase, nach der die Blätter dann auf Regalen in einem Zwischenlager (*picador*) wenige Tage ruhen; schließlich werden sie in große Ballen (*tercios*) gepackt und an die Zigarrenfabrik geliefert.

Die gelieferten Blätter werden nach Qualitäten sortiert, leicht befeuchtet, von Stielen befreit und halbiert. Ein Mischmeister stellt aus verschiedenen

Erste Fermentierung in *pilones*

Trockenraum

Manufaktur zur Tabakverarbeitung

Ballen (*tercios*) von fermentiertem Tabak

Sortieren der Tabakblätter nach Qualitäten

Handgerollt – von Frauen *und* Männern

Seit der Oper *Carmen* von Georges Bizet hält sich hartnäckig das Gerücht, dass in den Zigarrenfabriken attraktive junge Frauen auf ihren Oberschenkeln die Zigarren rollen. Wer das erwartet, wird bei dem Besuch einer Zigarrenfabrik enttäuscht sein. Frauen und Männer arbeiten an Holztischen, die aufgestellt sind wie in einer Grundschule vergangener Tage, und sie nutzen Holzmodeln für das Formen der Zigarren. Wer sich von dem beeindruckenden Verarbeitungsprozess ein eigenes Bild machen will, kann das bei einer der in vielen Manufakturen möglichen Besichtigungen tun.

Berühmte Zigarren

Geschmacksrichtungen die Bündel für die Herstellung der Zigarren zusammen. In der Werkstatt, in der wie in einem Klassenraum in Reihen an Pulten die Zigarrenroller (*trocedores*) sitzen, erfolgt die Fertigung in mehreren Schritten. Zuerst wird ein Wickel aus Einlage (verantwortlich für den Geschmack) und Umblatt (für Aroma und Abbrenngeschwindigkeit) gerollt,

Berühmte Zigarrenmarken; in der Mitte: Zeichen für handgearbeitete Zigarren

der dann in aus zwei Hälften bestehenden Holzmodeln in die Form gebracht wird. Nach kurzem Pressen (etwa 45 bis 60 Minuten) kommt das die Ästhetik bestimmende Deckblatt um die Zigarre. *Trocedores* erhalten eine mehrere Jahre dauernde Ausbildung, bevor sie Zigarren rollen dürfen, die Deckblattwickler verfügen zusätzlich über langjährige Berufserfahrung. In dem Arbeitsraum gibt es oft einen Vorleser, der morgens Zeitungsmeldungen und nachmittags Bücher vorliest. Die vorgelesenen Romane *Der Graf von Monte Cristo* und *Romeo und Julia* sollen namengebend für diese Zigarrenmarken gewesen sein. Die fertigen Zigarren lagern dann mehrere Wochen in einem Klimaraum, bis sie nach Farben sortiert, mit der Banderole versehen und in Zedernholzkistchen verpackt werden.

Zigarren aus Kuba sind ein beliebtes Souvenir und für Zigarrenraucher die Krönung des Genusses. Es gibt in Kuba drei Wege, um Zigarren zu kaufen. In den Straßen der Touristenstädte wird man ständig angesprochen, Schwarzmarkt-Zigarren zu kaufen. Meist handelt es sich um billige Kopien, die kaum ihren Preis wert sind, und nur in Ausnahmefällen gibt es aus den Fabriken heraus geschmuggelte Originale. Dieser Weg des Erwerbs von Zigarren ist also nicht zu empfehlen. Dann verkaufen die Tabakbauern selbst hergestellte Zigarren, die nach ihren eigenen Verfahren fermentiert (oft mit Honig, Zitronensaft, Wasser) und gerollt wurden; sie schmecken gut an einem lauschigen Abend in Kuba zusammen mit einem eiskalten *Cristal*-Bier oder einem Mojito, sind aber wenig für die Mitnahme geeignet. Erlesene Originale kann man nur in den staatlichen Läden kaufen. Die Preise sind überall im Land gleich und durchaus stattlich, liegen aber weit unter den Verkaufspreisen in Europa. Unbedingt muss man die Quittungen aufheben, da bei der Ausfuhr größerer Mengen (über 20 *puros*) eine Kontrolle des legalen Kaufs erfolgen kann. Alle Zigarren tragen den Herkunftsnachweis „*Hecho en Cuba*" (hergestellt in Kuba), aber wirklich gut sind nur jene, auf deren Zedernholzkistchen „*Totalmente a mano*" steht: sie wurden ausschließlich in Handarbeit hergestellt. Ohne diesen Zusatz handelt es sich um Zigarren (meist in durchsichtige Plastikfolie eingewickelt), bei denen Teilschritte der Fertigung maschinell erfolgten; ein Genussraucher merkt, dass Welten zwischen diesen und den handgefertigten *puros* liegen. Viele Experten halten Zigarren der Marke *Cohiba* für die besten der Welt. Fidel Castro selbst hat ihre Herstellung angeregt, seit 1967 wurden sie zuerst an Diplomaten verschenkt und später auch frei verkauft. Erlesene Qualität bieten auch die berühmten Marken *H. Upmann*, *Montecristo*, *Partagás*, *Punch* und *Romeo y Julieta*. *(Elmar Kulke)*

Private landwirtschaftliche Kleinbetriebe und staatliche Großgüter

Fidel Castro waren die Probleme besonders in den ländlichen Regionen Kubas vor 1959 bekannt. Fast 80 Prozent der landwirtschaftlichen Nutzfläche befanden sich in meist ausländischen Händen. Große nordamerikanische Fruit-Companies unterhielten in Kuba großflächige Agrarbetriebe, die Latifundien, auf denen eine Vielzahl von Tagelöhnern und landlosen Bauern ihr weniges Geld verdienten. Dagegen bewirtschafteten 80 Prozent der landwirtschaftlichen Betriebe in Kuba nur ein Fünftel der Nutzfläche. Bei diesen handelte es sich oft um private Kleinbetriebe, wie Bauern und Landpächter.

Damit verbunden waren weitere Probleme, wie eine sehr ungleiche Einkommensverteilung – besonders zwischen Stadt und Land war der Gegensatz groß –, eine hohe Arbeitslosigkeit und Analphabetenrate. Die Konzentration auf den Zuckerrohranbau, die Viehwirtschaft und den Agrargüterexport führte auch dazu, dass viele Kubaner besonders auf dem Land in ärmlichen Verhältnissen lebten und weder Zugang zu medizinischer Versorgung noch zu Bildung hatten. Bereits unmittelbar nach der Revolution 1959 sowie im Jahr 1963 waren die erste und zweite Agrarreform aus Sicht der neuen Re-

Traditionelles Kleinbauernhaus

Kubanischer Kleinbauer

gierung zwei wichtige Maßnahmen, die ausländischen Kapitalgesellschaften und Großgrundbesitzer ihrer Ländereien zu enteignen und diese an landlose Arbeiter, kleine Bauern und zuvor saisonal in der Landwirtschaft Beschäftigte zu verteilen. Im Zuge der Agrarreformen kam es nicht nur zu einer Umverteilung von Einkommen, sondern auch von Eigentum und Besitz zugunsten eines kleinbäuerlichen und des staatlichen Sektors; hingegen wurden kleine Besitzgüter privater Bauern in Kuba nie enteignet, im Gegensatz beispielsweise zur Kollektivierung und Gründung von Landwirtschaftlichen Produktionsgenossenschaften in der DDR.

Kuba verfolgte zuerst das Ziel, sich aus der „alten" Abhängigkeit von den USA zu befreien, die Monokultur Zucker zurückzudrängen und die Lebensmittelimporte aus Nordamerika zu ersetzen. Besonders das letzte Ziel scheiterte aufgrund der unkoordinierten Umstellung wie auch des voreiligen Ausstiegs aus dem großflächigen Zuckerrohranbau und der damit fehlenden Exporteinnahmen, aber auch wegen der Rückständigkeit der übrigen kubanischen Wirtschaft und des steigenden Außenhandelsdefizits. Deshalb dauerte es nicht lange, bis Kuba erneut in einen Strudel politischer, gesellschaftlicher und wirtschaftlicher Abhängigkeiten geriet. Bereits 1960 wurde ein Handels- und Kreditabkommen mit der Sowjetunion unterzeichnet und 1961 die Revolution zu einer sozialistischen Republik deklariert.

Seit 1962 wurden auf enteigneten Flächen wieder Zuckerrohr angebaut und erste staatliche Großbetriebe gebildet. Auch mit der Gründung erster Genossenschaften strebte Kuba das Ziel an, durch eine Agrarindustrialisierung, die ihren Höhepunkt in der „Gran Zafra" (Große Ernte) von 1970

Cooperativa de Producción Agropecuaria (CPA)

haben sollte, seine Volkswirtschaft zu modernisieren. Man hoffte, dass von der Landwirtschaft Wachstumsimpulse auch in andere Wirtschaftsbereiche und Branchen ausgehen.

In Kuba entstanden Kooperativen unterschiedlicher Art, die Kredit- und Dienstleistungskooperativen (Cooperativa de Crédito y Servico, CCS) und die landwirtschaftlichen Produktionskooperativen (Cooperativa de Producción Agropecuaria, CPA). Im ersten Fall schlossen sich mehrere unabhängige Kleinbauern freiwillig zu einer CCS zusammen, brachten ihre Traktoren und Maschinen in die Kooperative ein und nutzen staatliche Kredite gemeinsam, zum Beispiel um Bewässerungsanlagen zu erwerben, von denen alle profitieren. Durch diese Vorteile sind alle Mitglieder der Kooperative in der Lage, ihre eigenen Flächen effektiver zu bewirtschaften, die bessere materielle und technische Ausstattung erleichterte die Arbeit und steigerte die Arbeitsproduktivität und die Flächenerträge. Auf dem ersten Kongress der Kommunistischen Partei Kubas (Partido Comunista de Cuba, PCC) wurde 1975 die Verstaatlichung der Genossenschaften eingefordert, weshalb ab 1977 die landwirtschaftlichen Produktionskooperativen (Cooperativa de Producción Agropecuaria, CPA) entstanden. Kleinbauern, die sich zu einer *CPA* zusammenschlossen, brachten ihre Flächen, Maschinen und Fahrzeuge in die Kooperative mit und wurden im Gegenzug vom Staat dafür finanziell entschädigt. Im Unterschied zur CCS sind die Bauern einer CPA weder Eigentümer der Flächen noch des Fuhr- und Maschinenparks, sondern fortan Arbeiter der CPA. Mit der Verstaatlichung und Schaffung der CPAs wuchs auch der Einfluss und die Kontrolle des Staates, zumal die CPA- und CCS-Kooperativen den staatlichen Agrargroßbetrieben unterstellt sind. Die Großbetriebe erstellen die Produktionspläne für die Kooperativen, bestimmen darin die Anbauprodukte sowie die im Erntejahr zu produzierende Menge. Damit hielt das System der zentralen Wirtschaftsplanung Einzug in den Agrarsektor Kubas.

Seit dem Prozess der Kollektivierung in den 1970er Jahren lag die Zahl der CCS-Kooperativen stets über der Zahl der CPAs. Gab es 1986 noch 1868 CPAs, waren es 1996 nur noch 1160. Die Anzahl der CCS-Kooperativen erhöhte sich

Melkanlage in einem staatlichen Viehzuchtbetrieb

Staatlicher Viehzuchtbetrieb

bis zum Jahr 1996 auf insgesamt 2225, in denen sich mehr als 100 000 Bauern zusammenschlossen. Verantwortlich für diesen Bedeutungsverlust der CPAs waren in erster Linie die mangelnde Ausstattung mit Produktionsmitteln und die schlechte Arbeitsmotivation der Arbeiter. Die höhere Arbeitsproduktivität der CCS-Kooperativen und Kleinbauern ist vielleicht auch ein Beweis dafür, dass die Zukunft der kubanischen Landwirtschaft in mehr Eigenverantwortung und weniger staatlichen Vorgaben liegt – also in einem Weg, wie ihn beispielsweise Vietnam beschritten hat. *(Daniel Krüger)*

UBPCs – Kooperativen mit Marktelementen zur Steigerung landwirtschaftlicher Produktion

Die Vorteile, die Kuba als Zuckerinsel im System der sozialistischen Arbeitsteilung noch genoss, verwandelten sich nach dem Zusammenbruch des Sozialismus in Mittel- und Osteuropa schnell in spürbare Nachteile. Als Hauptproduzent von Zucker für die sozialistischen „Bruderstaaten" importierte Kuba bis 1989/90 neben Treibstoffen, Maschinen, Dünge- und Pflanzenschutzmitteln auch 70 Prozent der benötigten Nahrungsmittel. Die Monokultur Zucker ließ bis dahin kaum Raum, um trotz günstiger Anbaubedingungen und fruchtbarer Böden auch noch ausreichend Agrarprodukte zur Versorgung der Bevölkerung anzubauen. Die Rechnung folgte ab 1990 auf dem Fuß: Die landwirtschaftlichen Großbetriebe konnten wegen des

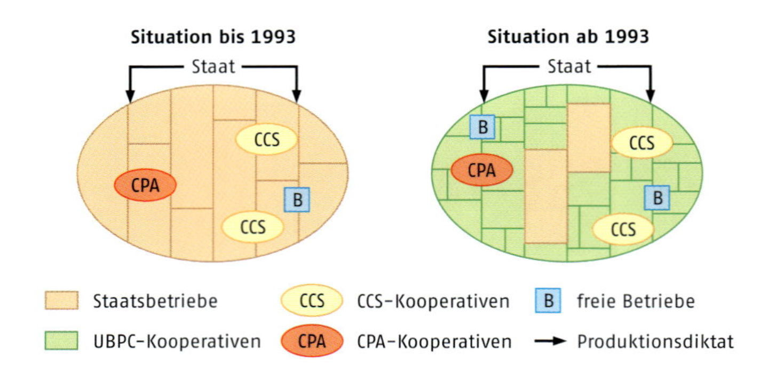

Entwicklung der Betriebsformenstruktur im kubanischen Agrarsektor (nach Krüger 2007a)

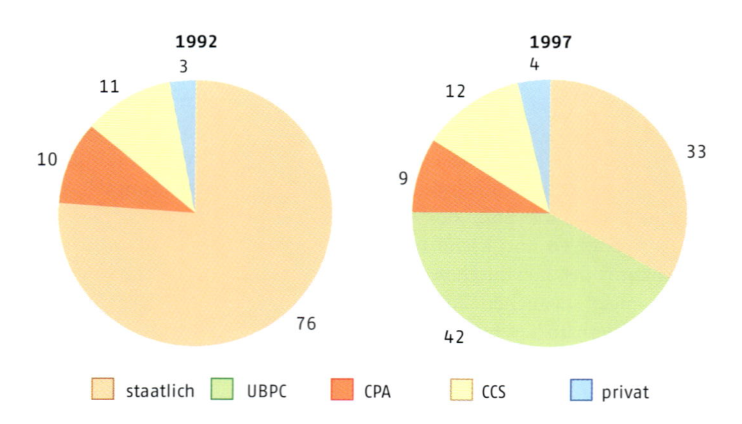

Flächenanteile der landwirtschaftlichen Formen (nach Krüger 2007a)

ständigen Mangels an Treibstoffen und Ersatzteilen für die Traktoren sowie der geringen Motivation der Arbeiter kaum noch produzieren. Sie waren schlichtweg zu groß, zu ausgedehnt und zu unüberschaubar, um mit den begrenzten Mitteln bewirtschaftet zu werden. Selbst der Versuch des Comandante en Jefe, die Menschen aus den Städten zur Arbeit auf dem Feld zu bewegen, um die sich verschärfende Nahrungsmittelkrise abzumildern, scheiterte kläglich. Jeder Kubaner erinnert sich noch heute an den täglichen Kampf, die Familie satt zu bekommen. Oftmals blieb bei der täglichen Ernährung nur die Alternative des *milordo*: ein Glas Wasser mit viel Zucker.

Besondere Kompetenzen der UBPCs

Die Vorteile der UBPCs (Unidades Básicas de Producción Cooperativa) bestanden darin, dass die kleineren Anbauflächen mit kleinstmöglichem Aufwand bewirtschaften werden konnten und die Einkommen der Mitglieder der Kooperative an die Produktionsergebnisse gebunden waren. Um ihre Arbeitsmotivation und das Einkommen jedes einzelnen Kooperativsten weiter zu steigern, war es den UBPCs gestattet, ihre über dem Plan liegende Produktion auf einem Bauernmarkt (*mercado agropecuario*) zu verkaufen. Formal erhielten die UBPCs auch Freiheiten in der Betriebsführung.

Die Regierung entschloss sich im September 1993 zu einem – aus damaliger Sicht – mutigen Schritt und leitete damit die dritte Agrarreform Kubas ein. Brachliegendes Ackerland wurde an Personen verteilt, die in Selbstversorgerwirtschaft den Tisch durch eigener Hände Arbeit füllten. Arbeiter der landwirtschaftlichen Großbetriebe konnten sich zusammenschließen und einen Teil eines Staatsbetriebes als Kooperative bewirtschaften.

Der Prozess der Umwandlung vieler landwirtschaftlicher Großbetriebe verlief sehr rasch, zuerst im Zuckersektor, später dann auch in der übrigen Landwirtschaft. Der Anteil landwirtschaftlicher Großbetriebe (*granjas estatales*) an der landwirtschaftlichen Nutzfläche Kubas verringerte sich bis Dezember 1995 von ehemals 80 Prozent auf ein Drittel; 1997 bewirtschafteten die Kooperativen (darunter auch die UBPCs) bereits zwei Drittel der Agrarfläche und produzierten überwiegend Feldfrüchte (Süßkartoffeln, Yucca), frisches Gemüse oder Hülsenfrüchte.

Dennoch blieben die Ergebnisse der Kooperativierung im Rückblick unbefriedigend. Schuld waren nicht die UBPCs, sondern strukturelle Probleme und die fehlende Autonomie, die der kubanische Staat den UBPCs zwar formal zusprach, in der Realität aber nicht gewährte. Zwar war es den UBPCs möglich, ihre Überproduktion auf dem Bauernmarkt zu höheren Preisen zu verkaufen; dies setzt allerdings voraus, dass auch mehr produziert wird. In dem, was die UBPCs anbauen, sind sie in ihrer Entscheidung nicht frei, sondern von dem landwirtschaftlichen Großbetrieb abhängig. In Kuba wurde zwar die landwirtschaftliche Nutzfläche in kleine, überschaubare Kooperativen übertragen, aber die landwirtschaftlichen Großbetriebe blieben als eine Art „Verwalter" bestehen und erarbeiten Jahr für Jahr die Produktionspläne der UBPCs, der anderen Kooperativen und freien Bauern. Diese müssen die in den Plänen festgelegten Agrarprodukte in bestimmter Menge produzieren und an den Staat zu sehr geringen Preisen

Verkaufsstand der UBPC „Vivero Alamar“

verkaufen, welche er auch festsetzt. Außerdem wurde mit der Übertragung der landwirtschaftlichen Nutzfläche auf die UBPCs der strukturelle Mangel an Treibstoffen, Maschinen, Traktoren, Dünge- und Pflanzenschutzmitteln keineswegs gelöst, sodass die Produktion der UBPCs oft wenig effizient und durch mechanische Arbeit, zum Beispiel Pflügen mit dem Ochsen, gekennzeichnet ist. Außerdem fiel einigen Betriebsleitern und Arbeitern der UBPCs das Umdenken von einer mechanisierten, extensiven und fremdverwalteten Produktionsform zu einer arbeitsintensiven und quasi-selbstverwalteten Produktionsweise mit geringen Einsatzfaktoren nicht ganz leicht. Verstärkt wurde dies durch eine mangelnde staatliche finanzielle Start-Unterstützung für die UBPCs. Viele UBPCs waren deshalb kaum in der Lage, mehr zu produzieren, als der Plan vorgab. Somit konnten sie keine höheren Einnahmen durch den Verkauf der Produkte auf den Bauernmärkten erzielen. Das führte auch dazu, dass die Fluktuation der Arbeitskräfte – wie in der traditionellen Landwirtschaft üblich – sehr hoch war oder die „neuen“ Freiheiten eher dazu genutzt wurden, um die persönliche Situation und eigene Versorgung aufzubessern. *(Daniel Krüger)*

Arbeit auf eigene Rechnung – wer darf was, wo und wie selbstständig anbieten?

Che Guevara wollte die Kubaner zum *hombre nuevo* erziehen, dem neuen Menschen des Sozialismus, der seine ganze Arbeitskraft zum Wohle des Volkes einsetzt, auf Entlohnung verzichtet und in seinen Grundbedürfnissen vom Staat versorgt wird. Wenn man sich die Löhne in Kuba anschaut, dann ist zumindest das Teilelement Lohnverzicht fast erreicht: Der durchschnittliche Monatslohn lag im Jahr 2008 bei umgerechnet 17,9 US-Dollar. Normale Arbeiter erhalten Monatslöhne von 350 bis 450 Pesos, also zwischen 13 und 17 US-Dollar, während Spitzenverdiener wie Ärzte und Professoren immerhin 800 bis 850 Pesos, gut 30 US-Dollar, bekommen. Immer wieder stellen Arbeitnehmer fest: „Der Staat tut so, als würde er mich bezahlen, und ich tue so, als würde ich für ihn arbeiten." Mit dem selbstlosen Einsatz der Arbeitskraft für den Sozialismus hat es also nicht so richtig geklappt.

Die Flächen der Kleinbauern blieben zwar immer im Privatbesitz, aber ihre Produktion mussten sie an den Staat zu vorgegebenen Preisen abliefern. Erst seit den 1990er Jahren können die Landwirte, wenn die staatlichen Abgabequoten erfüllt sind, die Überschüsse auf eigene Rechnung verkaufen. Diese Liberalisierung erfolgte nur unter dem Zwang der Sonderperiode und diente dazu, die Versorgung mit Lebensmitteln zu verbessern. Und seit 1993 wurden auch erstmals außerhalb der Landwirtschaft selbstständige Tätigkeiten ermöglicht. Der Staat reguliert aber penibel, welche Arbeiten erlaubt sind, und versucht durch hohe Gebühren oder Steuern möglichst viele der Einnahmen abzuschöpfen, kontrolliert laufend und hat auch jederzeit das

Tauschwirtschaft auf kubanisch

Mit den geringen Einkommen kann man auch in Kuba nicht überleben, also müssen alternative Versorgungswege erschlossen werden. Man versucht deshalb irgendwie, etwas zu beschaffen, was sich gegen Dinge tauschen lässt, die man braucht. Überall in der Wirtschaft sind hohe Schwundquoten zu beobachten: Der in der Käsefabrik abgezweigte Käse kann gegen in der Tankstelle abgezweigtes Benzin und dieses gegen in der Rumfabrik abgezweigten Rum getauscht werden. Und viele Kubaner wären gerne bereit, selbstständig zu arbeiten, um ihre Einkommen und Versorgungslage zu verbessern. Doch der Staat beschränkt diese Möglichkeiten stark, weil er durch sie eine Aushöhlung des sozialistischen Systems befürchtet.

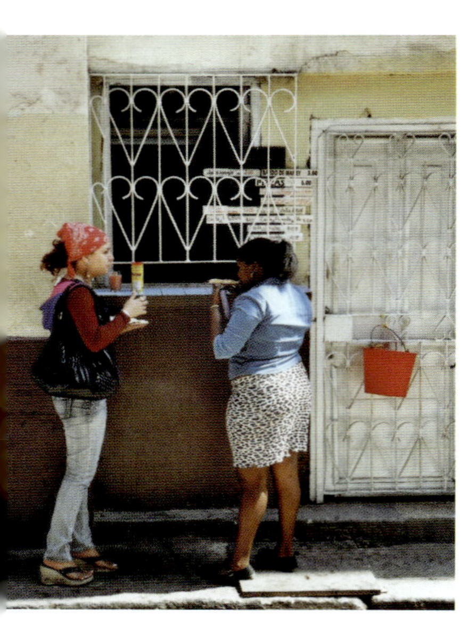

Privater Pizzaverkauf

Preisliste an einem Fensterverkauf

Recht zu intervenieren, Tätigkeiten wieder zu verbieten oder Lizenzen zu entziehen. Bis vor kurzem war nur Selbstarbeit mit mithelfenden Familienangehörigen erlaubt, neuerdings dürfen „Kleinunternehmer" auch Angestellte beschäftigen. Und wenn eine Art von Aktivität aus staatlicher Sicht zu gut zu funktionieren scheint, wird sie ganz schnell wieder verboten. Deshalb schwankten die Zahl von freigegebenen Tätigkeiten und die Anzahl der Selbstständigen in den letzten Jahren ständig.

Gegenwärtig sind rund 140 Aktivitäten erlaubt, welche den Bereichen Transport, Gastronomie/Unterkunft, personenbezogene Dienstleistungen und Kleinhandwerk zugeordnet werden können. Jeder der selbstständig eine solche Leistung anbieten will, muss zuerst dafür eine Lizenz beantragen und erhalten. Bei dem maroden öffentlichen Verkehrssystem sind zusätzliche private Transporte schlicht notwendig, entsprechend können Eigentümer von Privatwagen diese als Taxi nutzen, private Lastwagen im Fernverkehr einsetzen und mit von Pferden gezogenen Sammelkutschen den Nahverkehr in den Provinzstädten versorgen. Überall im Land werden an fahrbaren Ständen oder aus Fenstern von Erdgeschosswohnungen Speisen (z. B. belegte Brötchen, Käsepizza) und Getränke (Säfte) verkauft; es gibt kleine Gastronomiebetriebe (*paladares*), Privatleute können Zimmer ihrer Wohnung an Reisende vermieten (*casa particulares*); in den Privaträumen sind auch Friseur- oder Fotographen-Dienstleistungen möglich. Beliebt ist auch die Herstellung einfacher Konsumgüter in Heimarbeit – etwa Taschen, Kleidung, Haushaltswaren, Kunstartikel, Souvenirs –, die an transportablen Ständen verkauft werden; das Betreiben stationärer Ladengeschäfte ist nicht erlaubt.

Bezahlt werden die Leistungen in Pesos, wobei sich die Preise nach Marktbedingungen bilden. Mit diesen wenigen Freiheiten konnte die Versorgungslage der Bevölkerung verbessert werden. Und die Selbstständigen erzielen oft Tageseinkommen, die den Monatseinkommen in den Staatsbetrieben entsprechen. *(Elmar Kulke)*

Straßenverkauf von Getränken

Privates Taxi und Unterkunft in einer *casa particular*

Attraktiv durch Trinkgeld: Arbeit in der kubanischen Tourismuswirtschaft

Bei den niedrigen Einkommen in den staatlichen Betrieben und Verwaltungen ist es natürlich für junge Leute ganz besonders attraktiv, in Bereichen zu arbeiten, die Zusatzeinkünfte ermöglichen. Dazu gehört der Bereich des internationalen Tourismus, wo Kofferträger durch Trinkgelder deutlich höhere Einkünfte erzielen als ein Arzt oder Professor. Aber natürlich kann man sich in dem sozialistisch-planwirtschaftlichen System nicht einfach bei einer internationalen Hotelkette um Beschäftigung bewerben; die dort tätigen Kubaner werden von einer staatlichen Agentur (*entidad empleadora*) an die Hotelketten vermittelt. Internationale Hotels zahlen dann den Lohn für die Leistungen an die Agentur in „harten" Währungen, die Kubaner erhalten

Hotel in Cienfuegos

von der Agentur aber ein normales Peso-Gehalt. Aber im Hotel erhält man die Trinkgelder, und internationale Ketten unterstützen ihre Mitarbeiter durch direkte materielle Leistungen (*estimulos*). Und auch in den kubanischen Hotels, Restaurants oder Bus- und Taxiunternehmen gibt es Devisen-Trinkgeld von den Touristen.

Wer in der Tourismuswirtschaft arbeiten will, muss zuerst eine Grundausbildung in einer der rund 20 Hotelfachschulen Kubas absolvieren. Viele junge Kubaner bewerben sich dort; die Auswahl erfolgt nach Schulnoten, Verhalten und Benehmen sowie nach persönlichen Eigenschaften wie Aussehen und Größe. Die erste Ausbildungsstufe dauert je nach Tätigkeitsbereich unterschiedlich lang: Zimmermädchen sind nach sechs Monaten fertig, Kellner und Rezeptionisten nach acht Monaten und Köche nach zwei Jahren. Die Ausbildung umfasst allgemeine und technische Fertigkeiten in den jeweiligen Fachgebieten, aber auch Ergänzungsfächer zu Kultur, Tourismus, Geographie und Service. Alle Teilnehmer erwerben Grundkenntnisse in Englisch. Je nach Tätigkeitsbereich werden vertiefte Sprachkenntnisse auch in anderen Sprachen (z. B. Französisch, Italienisch, Deutsch) vermittelt. Nach der Ausbildung vermittelt die Agentur die Absolventen an ihre neuen Arbeitsplätze.

Auswärtige Besucher stellen fest, dass die im Tourismusbereich tätigen Kubaner durchweg freundlich sind. Überdies verfügen sie über Improvisationstalent, denn selbst in internationalen Hotels kommt es immer wieder zu Versorgungsengpässen oder fehlen Ersatzteile für notwendige Reparaturen. Gläser und Geschirr im Gastronomiebereich und in Bars sind oft knapp; die ersten Besucher erhalten noch Tomaten in den Salat, wer später kommt, hat oft das Nachsehen; manchmal gibt es Minze für die Drinks, manchmal nicht. Und genau wird überwacht, dass zum Zeitpunkt der Abreise noch alle Gläser und Handtücher im Zimmer sind.

Hotelfachschule in Playas del Este

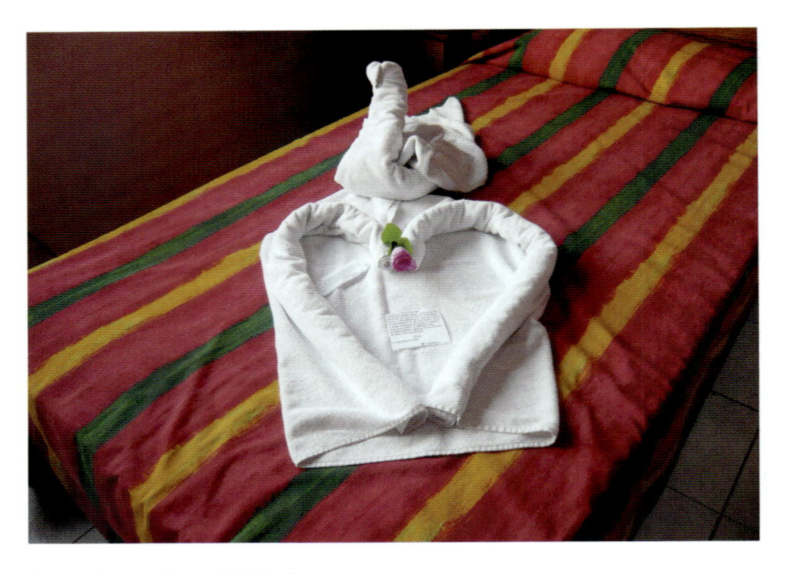

Kunstvoll arrangiertes Handtuch

Planziele überzuerfüllen, scheint allerdings auch bei den Beschäftigten im Tourismusbereich nicht üblich zu sein: Dass das Restaurant etwas später öffnet, aber sehr pünktlich schließt, gehört ebenso dazu wie ausgedehnte Mittagspausen der Bootsverleiher am Strand. Dafür entschädigen von den Zimmermädchen kunstvoll zusammengesteckte Handtücher für den tropfenden Wasserhahn, die kaputte Lampe und den fehlenden Klodeckel im Bad. *(Elmar Kulke)*

Sonne und Strand – internationaler Tourismus

Internationaler Tourismus ist ein junges Phänomen in Kuba. Die wirtschaftlichen Probleme der Sonderperiode zwangen die Führung, neue Einnahmequellen zu erschließen. Seit den 1990er Jahren wurden deshalb internationale Besuche erlaubt und schrittweise dafür die Infrastruktur ausgebaut. Kuba besitzt günstige Voraussetzungen für den Tourismus: Ganzjährig warme Witterung mit viel Sonne, ausgedehnte Strände, historische Bauten und nicht zuletzt die faszinierende Mentalität und Lebensfreude der Kubaner sind Anziehungskräfte für internationale Besucher.

Strand von Varadero mit Segelbooten

Schon einmal war Kuba ein beliebtes Reiseziel. Während der Phase der amerikanischen Hegemonie reisten US-Amerikaner nach Havanna, um Spielkasinos, Bars oder Bordelle zu besuchen; erste Strandhotels entstanden an den Playas del Este und in Varadero. Die Revolutionäre unterbanden sofort diese ausbeutende Form des Tourismus, und nach 1959 gab es kaum internationale Besucher. Erst in den 1980er-Jahren kamen wieder mehr Geschäftsreisende und auch Urlauber aus der Sowjetunion und Osteuropa, allerdings blieben die Besuchszahlen mit etwa 200 000 bis 300 000 Einreisen pro Jahr überschaubar. Daneben entstand in begrenztem Umfang auch inländischer Tourismus, verdiente Werktätige erhielten als Auszeichnung Kurzurlaube am Strand.

1991 öffnete sich Kuba wieder für zahlungskräftige Besucher, um Deviseneinnahmen zu erzielen. Seitdem stiegen die Besucherzahlen kontinuierlich an. Die meisten Gäste kommen aus Westeuropa (z. B. Spanien, Frankreich, Deutschland) und aus Amerika (z. B. Kanada, Mexiko, andere lateinamerikanische Staaten), überwiegend um Strand und Sonne zu genießen. Hauptanziehungspunkte sind Varadero und Havanna, auf die fast 80 Prozent aller Besuche entfallen. Daneben werden Tagesausflüge zu den Sehenswürdigkeiten in Trinidad und Viñales unternommen. Seit einigen Jahren hat Kuba den Gesundheitstourismus als Einnahmequelle entwickelt. Vor allem aus Lateinamerika kommen Patienten, um sich in den gut ausgestatteten Krankenhäusern vergleichsweise kostengünstig behandeln zu lassen (z. B. Augenoperationen).

Der Staat versucht, die unmittelbaren Kontakte zwischen Besuchern und Kubanern zu beschränken, könnten doch dadurch dem Sozialismus fremde Ideen aufkeimen oder schlicht Nachrichten und Informationen aus der Welt vermittelt werden. Deshalb erfolgte der Ausbau von Tourismuszielen nur punktuell und am liebsten auf Inseln oder Halbinseln (z. B. Varadero, Cayo Coco, Cayo Largo), deren Zugang für Kubaner kontrolliert und beschränkt werden kann. Bis 2009 waren Kubanern Übernachtungen in Hotels des internationalen Tourismus verboten. Oftmals leben Touristen und Kubaner in getrennten Welten. Die Touristen halten sich in ihren abgeschlossenen Hotelanlagen auf, bei Besuchsfahrten durch das Land reisen sie in klimatisierten Bussen oder Mietwagen von Ausländerhotel zu Ausländerhotel und besichtigen in geführten Gruppen die Sehenswürdigkeiten.

Zu Beginn der neuen Tourismusphase gab es nur wenige Hotels, die teilweise aus der Zeit vor der Revolution stammten. Einige traditionsreiche

Entwicklung der internationalen Besuche

Jahr	Besucher in Millionen
1990	0,3
1994	0,6
1995	1,0
1998	1,2
2000	1,7
2002	1,8
2004	2,0
2006	2,2
2008	2,3

Quelle: ONE 2009

Hotels (z. B. in Havanna das „Inglaterra“ oder das „Nacional de Cuba“) wurden wieder auf Hochglanz gebracht und bieten zahlungskräftigen Gästen stilvollen Luxus. Schrittweise wurden neue Hotels gebaut, zuerst vor allem 3-Sterne-Hotels im eher einfachen Plattenbaustil. In den letzten Jahren setzte man verstärkt auf Qualitätstourismus und errichtete 5-Sterne-Luxushotels. Dabei handelt es sich überwiegend um Joint Ventures aus internationalen Ketten (z. B. Melia, Iberostar, RIU, LTU) mit kubanischer Beteiligung. Alle anderen touristischen Angebote sind in staatlicher Hand: Cubanacan betreibt Hotels, Restaurants, Autovermietung und Geschäfte; Cubatour organisiert Rundreisen und Ausflüge; Gaviota besitzt Hotels und Busse; Horizontes oder Gran Caribe haben Hotels im ganzen Land; die Kette Islazul betreibt einfachere Hotels, die auch einheimische Reisende besuchen.

Die kubanischen Einrichtungen versuchen, den internationalen Gästen eine Vollversorgung basierend auf einheimischen Produkten zu bieten. Das ist von kubanischer Seite verständlich, weil so die größten nationalen

Hotel „Los Jazmines“ in Viñales

Strand von Havanna del Este

wirtschaftlichen Effekte entstehen und keine wertvollen Devisen für Warenimporte ausgegeben werden müssen. Aber durch diese Strategie erreicht die inländische Mangelwirtschaft teilweise auch die ausländischen Gäste. Anspruchsvolle Touristen sind nicht immer begeistert, wenn es nur eine Sorte Käse, eine Sorte Wurst, wenig Butter und nur zwei verschiedene Marmeladen zum Frühstück gibt und für die Spätaufsteher manchmal davon nichts mehr übrig ist. Auch bei Bestellungen im Restaurant ist es manchmal einfacher zu fragen, welche der Gerichte und Getränke auf der Karte überhaupt verfügbar sind. Im Vergleich zur Versorgungslage der einheimischen Bevölkerung leben die Besucher aber in einer Welt des ungeheuren Luxus.

Der internationale Tourismus ist inzwischen der wichtigste Devisenbringer für Kuba. Neben dem ökonomischen Vorteil führt er aber zu sozialen Verwerfungen. So gibt es auch für Kubaner sichtbare Unterschiede zwischen der Luxuswelt der Touristen mit Vollversorgung, Klimabussen, Einkaufsmöglichkeiten, Swimmingpool und Luxushotel und der eigenen permanenten Mangelsituation. Und im Land entsteht eine Zweiklassengesellschaft, mit Kubanern, die über den Tourismus Zugang zu Devisen haben und damit ein besseres Leben führen können, und dem Großteil der Bevölkerung, der auf die karge staatliche Versorgung angewiesen ist. *(Elmar Kulke)*

Ärzte und Lehrer – ein kubanischer Exportschlager

Die Verbesserung der medizinischen Versorgung und eine gute Bildung für alle Kubaner waren zentrale Maßnahmen nach der Revolution. Ärzte und Lehrer wurden ausgebildet und im ganzen Land eingesetzt. Demonstrativ wurde in Havanna der Neubau der Nationalbank – der *hombre nuevo* braucht ja eigentlich kein Geld – in ein Krankenhaus, das „Hospital Hermanos Ameijeiras", umgewidmet. Die Erfolge der Politik waren nachhaltig, und heute weist Kuba in diesen Bereichen eine bessere Situation als viele Länder Europas auf. Die Kindersterblichkeit liegt sogar unter jener in den USA, die Lebenserwartung erreicht Werte wie in Deutschland, Analphabeten gibt es keine mehr, und in den Universitäten werden hochqualifizierte Absolventen ausgebildet.

Damit hat Kuba Vorbildfunktionen für andere sich entwickelnde Länder und besitzt zugleich ein Exportpotenzial, das die Freunde Fidel Castro und Venezuelas Staatschef Hugo Chávez zuerst erkannten. Denn in Zeiten des Mangels kann sich Kuba kaum das Überangebot an Personal leisten – die Zahl der Ärzte und Lehrer pro Tausend Einwohner liegt deutlich über den Werten der Industrieländer. Zugleich bestehen aber in anderen Ländern hier erhebliche Defizite, die nicht durch einheimisches gut ausgebildetes Personal ausgeglichen werden können. Also wurde der Gedanken geboren, Personen zu „exportieren", um damit einerseits die Mängel im Ausland zu beseitigen und andererseits eine Einnahmequelle für die knappe Staatskasse Kubas zu erschließen. Inzwischen sind rund 33 000 kubanische Experten in Venezuela tätig.

Krankenhaus „Hermanos Ameijeiras" in Havanna

Seit Ende 2004 arbeiten kubanische Ärzte für einen längeren Zeitraum zwischen einem und drei Jahren überwiegend in den Unterschicht-Wohngebieten der Großstädte Venezuelas. Sie erhalten neben freier Unterkunft zusätzlich zu ihrem kubanischen Peso-Einkommen jeden Monat 200 US-Dollar. Das macht für Ärzte die Sache attraktiv, können sie doch mit dem Geld im Ausland langlebige Konsumgüter wie Fernseher oder Kühlschränke erwerben und noch etwas für das Alltagsleben in Kuba sparen. Für den kubanischen Staat ist es ebenfalls von Vorteil, denn die Differenz zu dem üblichen Lohn für Ärzte in Venezuela, der mit über 1500 US-Dollar weit über dem ausgezahlten Betrag liegt, erhält der Staat entweder in Direktzahlungen oder in Form eines auf der Insel notorischen knappen Rohstoffs: Erdöl. Und für das Zielland leisten die Ärzte nicht nur einen wichtigen Beitrag zur Lösung aktueller Probleme in der medizinischen Versorgung, sie bringen

Hauptgebäude der Universidad de la Habana

zugleich die kubanischen Erfahrungen im Bereich von Hygiene, Vorsorge, Impfungen und Betreuung (Abschnitt *Medico de la familia*) mit, die sie an einheimische Partner weitergeben und damit die Gesundheitslage der Bevölkerung langfristig verbessern helfen. Der Personaltransfer dient in Kuba auch propagandistischen Zwecken: Die kubanischen Medien erläutern, dass die Einsätze im Ausland Kubas Ansehen im Ausland steigern und feiern sie als Beleg für die Überlegenheit der sozialistischen Solidarität gegenüber dem egoistischen Kapitalismus.

Ähnlich läuft das Exportsystem für Lehrer, Sporttrainer und auch für Professoren. Lehrer sind vor allem in Alphabetisierungskampagnen eingebunden. Sie bleiben wie die Ärzte unter vergleichbaren Konditionen für einen längeren Zeitraum im Ausland. Professoren geben dagegen zumeist Blockkurse für ein paar Wochen an Partneruniversitäten. Sie erhalten dann ein festes Tagegeld, von dem sie allerdings die Kosten im Ausland selbst tragen müssen. Damit verbessern sie den Bildungsstand in den Zielländern und tragen damit zu deren gesellschaftlicher und wirtschaftlicher Entwicklung bei.

Eigentlich ergibt das System für fast alle Beteiligten eine Win-win-Situation. Nur fehlt das exportierte Personal nun in Kuba. Vor allem in ländlichen Räumen treten erste Versorgungsmängel in den Bereichen Medizin und Bildung auf. *(Elmar Kulke)*

Chevrolet
SDD438

3 Die Entwicklung der Gesellschaft in Kuba

Die gesellschaftlichen Strukturen Kubas waren stets ein Spiegelbild der gerade vorherrschenden politischen und wirtschaftlichen Verhältnisse im Land, die sich in vier Phasen einteilen lassen: die Kolonialzeit unter spanischer Vorherrschaft (bis 1898), die Phase des US-amerikanischen Einflusses (1898–1958), die Einbindung Kubas in das System der sozialistischen Arbeitsteilung (1959–1990) und die seit 1990 andauernde *período especial en tiempos de paz* (Sonderperiode in Friedenszeiten).

Der erste gesellschaftliche Umbruch setzte nach der Entdeckung Kubas durch Kolumbus im Jahr 1492 ein. Diego Velázquez, der von der spanischen Krone 1511 mit der flächenhaften Erschließung und Kolonisation der „Neuen Welt" beauftragt worden war, ließ erste Städte und Siedlungen an verkehrsgünstigen Standorten, vor allem an den Küsten, errichten. Mit ihm kamen etwa 300 spanische Einwanderer und Militärs auf die Insel. Die 20 000 Indios, die bis dahin auf Kuba lebten, wurden ziemlich rasch dezimiert. Den eingeschleppten Krankheiten und kriegerischen Massakern der „neuen" Herren waren sie fast schutzlos ausgeliefert, viele von ihnen starben oder wurden von den Eroberern gefangenen genommen und zu schwerer Zwangsarbeit verpflichtet. Im Jahr 1544 zählte Kuba eine Kolonialbevölkerung von etwa 3000 Personen, die mittlerweile in den von Velázquez gegründeten Städten lebten und arbeiteten. Dazu kamen etwa tausend indianische Zwangsarbeiter sowie rund 800 schwarze Sklaven. Zu Beginn des 18. Jahrhunderts lebten bereits etwa 140 000 Menschen auf der Insel, davon knapp mehr als ein Drittel in Havanna. Der erste offizielle Zensus Kubas von

1774 weist eine Bevölkerung von 171 620 Menschen aus. Die Bevölkerung wurde dabei sowohl nach ihrer ethnisch-sozialen Herkunft als auch nach ideologischen Kriterien in „Weiße", „Mestizen" (Nachfahren von europäischen und indianischen Eltern), „Mulatten" (Nachfahren von europäischen und dunkelhäutigen Eltern) und „Schwarze" unterschieden.

Die ersten spanischen Siedler und ihre Nachfahren waren vor allem Viehzüchter. In den Städten entwickelte sich nach der Eroberung und Besiedlung Kubas eine Schicht von Kaufleuten, kirchlichen und weltlichen Amtsträgern, Beamten, Handwerkern und Militärs heraus, die zu einer sozialen und räumlichen, zentral-peripheren Trennung von Vierteln der Ober-, Mittel- und Unterschicht innerhalb der Städte führte. Auf dem Land war es nicht anders: Die Besitzer großer Ländereien oder von Zuckerrohrplantagen lebten meist in ihren Palästen in der Stadt, während der ländliche Großgrundbesitz von einem Verwalter bewirtschaftet wurde. Die körperlich schwere Arbeit auf der Hazienda verrichteten vor allem afrikanische Sklaven und landlose Bauern, die in einfachsten Behausungen und in ärmlichen Verhältnissen lebten. Die Großgrundbesitzer kamen nur gelegentlich auf ihre Ländereien, um die Gewinne aus dem Zuckerrohranbau oder der Viehhaltung abzuziehen. Dieser sogenannte Rentenkapitalismus und der dominierende Großgrundbesitz waren die bestimmenden Elemente des kolonialen Gesellschaftssystems – nicht nur in Kuba, sondern in ganz Lateinamerika. Bis zum Ende des 19. Jahrhunderts war der Handel mit Sklaven in Kuba offiziell erlaubt. Durch den Dreieckshandel kamen vor allem drei ethnische Gruppen afrikanischer Sklaven nach Kuba: die Yoruba, die unter anderem aus Nigeria, Benín und Togo stammten, die Congo aus Teilen des Kongo und dem nördlichen Angola sowie die Carabalí aus den südlichen Regionen Nigerias. Mit den afrikanischen Zwangsarbeitern kamen auch ihre Bräuche, Traditionen und ihre unterschiedlichen religiösen Einflüsse nach Kuba, die bis heute zur bunten Mischung Kubas beitragen. Die afrikanischen Sklaven brachten ihre eigenen Naturgottheiten und Dämonen mit und überzogen Kuba mit ihren kulturellen Elementen. Dies konnten sie in der spanischen Kolonialgesellschaft allerdings nur im Verborgenen und unter dem Deckmantel der christlichen Kultur tun. Jedem afrikanischen Gott ordneten sie einen katholischen Heiligen zu. Bis heute werden diese verschiedenen kultischen Geheimpraktiken in der Santería aktiv auf Kuba zelebriert. Eine kubanische Identität hat sich besonders mit dem Verbot der Sklaverei und der Unabhängigkeitsbewegung in der zweiten Hälfte des 19. Jahrhunderts herausgebildet. Kuba war inzwischen weder weiß noch schwarz, weder spanisch noch afrikanisch: Die kubanische Gesellschaft hat sich in den vier Jahrhunderten seit der Entdeckung des Archipels zu einem Sammelsurium unterschiedlichster kultureller und ethnischer Nuancen entwickelt und so eine eigene Identität hervorgebracht.

Mit der Überwindung der kolonialen Abhängigkeit im Jahr 1898 wurde Kuba nach vierjähriger US-Militärherrschaft 1902 formal zur eigenständigen Republik. Die Ideale von Carlos Manuel de Céspedes, Máximo Gómez, Antonio Maceo und später José Martí blieben allerdings unerfüllt. Das Land stolperte von der spanisch-kolonialen in eine quasi neokoloniale Abhängigkeit von den USA, die durch ein massives Eindringen von nordamerikanischem Kapital gekennzeichnet war. Bis 1923 befand sich der überwiegende Teil der landwirtschaftlichen Nutzfläche im Besitz großer US-amerikanischer Kapitalgesellschaften, und die US-amerikanischen Investitionen in den Zuckerrohranbau und die Viehwirtschaft summierten sich auf rund 1,5 Milliarden Dollar. In anderen Wirtschaftsbereichen war es ähnlich: US-Unternehmen besaßen in Kuba 90 Prozent der Telekommunikations- und Elektrizitätswerke, einen Großteil des Bergbaus, Teile des öffentlichen Verkehrssystems, ein Viertel der 161 Zuckermühlen, ein Drittel der Handelsbanken und ein Fünftel der Versicherungen. In Havanna und Varadero schossen in den Goldenen 1920er Jahren überall Luxushotels, Bars, Kasinos und Bordelle für vergnügungssüchtige US-Amerikaner aus dem Boden. Die Prohibition in den USA bescherte Kuba einen regelrechten Bauboom, bekannte Mafia-Bosse überboten sich mit dem Bau eleganter Hotels, und die städtebaulichen Investitionen konzentrierten sich vor allem auf die neuen Geschäftsviertel in Havanna. Der Stadtteil Vedado in Havanna, ursprünglich ein Villenvorort der Oberschicht, entwickelte sich zu einem geschäftigen Viertel mit breiten Straßen (La Rampa), Bürogebäuden, Kinos, Bars, Bordellen und Hotels, wie etwa dem „Hotel Nacional", „Hotel Capri", „Hotel Riviera" oder dem im Jahr 1958 eröffneten „Habana Hilton" (heute „Habana Libre"). Selbst die Politik beflügelte diese Entwicklung: Im Jahr 1955 erließ die Batista-Regierung ein Gesetz, das Steuerbefreiungen für den Bau von Hotels vorsah und die Lizenzvergabe für den Betrieb von Kasinos erleichterte. Die Wohn- und Lebensverhältnisse in den Altstadtvierteln Habana Vieja und Centro Habana hingegen waren schlecht, die Gebäude wurden kaum instand gesetzt, und in den beengten Verhältnissen lebte vor allem die Unterschicht der Hafen- und Industriearbeiter – oftmals mit mehreren Personen und Generationen gleichzeitig in einer Wohnung. In die ländliche Infrastruktur wurde ebenso wenig investiert, mit Folgen für die agrosozialen Strukturen Kubas. Rund 85 Prozent der kubanischen Landwirte bewirtschafteten nur sehr kleine, gepachtete Zellen (Tabelle); mehr als 200 000 Familien besaßen überhaupt kein Land, sondern schlugen sich als Tagelöhner und Lohnarbeiter durch. Die Dominanz des US-Kapitals im Zuckerrohranbau und in der Viehwirtschaft resultierte in einer chronischen Importabhängigkeit, nicht nur bei Konsumgütern, sondern zugleich bei Lebensmitteln. Besonders stark waren die sozialen Gegensätze zwischen der Land- und Stadtbevölkerung; in den ländlichen Regionen Kubas waren die Arbeitslosigkeit und Analphabetenrate höher und die persönlichen Einkommen niedriger. Nur etwa ein Zehntel der Wohnungen im ländlichen Raum verfügten 1953 über elektrischen Strom und nur die Hälfte über sanitäre Anlagen, vier Fünftel der Behausungen waren einfachste Holzhütten mit Strohdach und Lehmfußboden (sogenannte *bohios*). 1959 gehörten 70 Prozent der kubanischen Bevölkerung zu der unteren Einkommensschicht.

Diese enormen Stadt-Land-Gegensätze, der Ausschluss ganzer Bevölkerungsteile vom wirtschaftlichen Boom der 1950er-Jahre und die gravierenden sozialen Unterschiede bildeten den Nährboden für die kubanische Revolution. Unmittelbar nach dem Machtwechsel forcierte die neue Regierung die Umverteilung des Landbesitzes: Während der ersten (1959) und zweiten Agrarreform (1963) wurde der Großgrundbesitz verstaatlicht, und viele der vormals als Tagelöhner oder Saisonarbeiter beschäftigten Bauern erhielten Parzellen, um diese zu bewirtschaften (siehe Tabelle).

Betriebsgrößenstruktur in der kubanischen Landwirtschaft 1946

Betriebsgröße	Anteil an allen Betrieben (in %)	Anteil an der landwirtschaftlichen Fläche (in %)
weniger als 1 Hektar	1,9	1,2
1 bis < 10 Hektar	37,1	3,2
10 bis < 50 Hektar	45,0	16,7
50 bis < 500 Hektar	14,5	32,1
500 Hektar und mehr	1,5	46,8

Quelle: Nahela Becerril / Ravenet Ramírez 1989

Betriebsgrößenstruktur in der kubanischen Landwirtschaft nach 1959

Betriebsgröße	Anteil an allen Betrieben (in %)	Anteil an der landwirtschaftlichen Fläche (in %)
weniger als 67 Hektar	93,1	52,8
67 bis < 134 Hektar	3,7	13,6
134 bis < 268 Hektar	1,9	13,7
268 bis < 402 Hektar	0,9	11,4
402 Hektar und mehr	0,4	8,5

Quelle: Nahela Becerril / Ravenet Ramírez 1989

Mit der Politik der Diversifizierung und Dezentralisierung, mit der vor allem die ständige Importabhängigkeit Kubas überwunden und der wirtschaftlichen Dominanz der Hauptstadt entgegengewirkt werden sollte, wurden nun mittelgroße und kleine Städte und vor allem die ländlichen Regionen entwickelt. Neben der Aufwertung bereits bestehender Siedlungen entstanden unter anderem neue, standardisierte Wohneinheiten in den *comunidades nuevas*. Die auf dem Reißbrett entworfenen ländlichen Plansiedlungen boten neben mehreren vierstöckigen Wohngebäuden auch Einrichtungen, die die Grundversorgung der ländlichen Bevölkerung verbessern sollte. Dazu gehörten Kindergärten, Grundschulen und die ärztliche Versorgung. Unmittelbar nach der Revolution stand für Fidel Castro das Ziel fest, die Lebensbedingungen im Land zu verbessern; dazu dienten die Verstaatlichung des Wohnungsbaus, die staatliche Regulierung von Mietzahlungen, der Aufbau der medizinischen Versorgung (*médico de la familia*) und der kostenlose Zugang zu Bildungseinrichtungen (*escuela primaria, escuela secundaria, escuela en el campo*). Im Vergleich zu anderen Ländern Lateinamerikas weist Kuba bis heute eine sehr geringe Analphabetenrate bei Erwachsenen und eine hohe Lebenserwartung

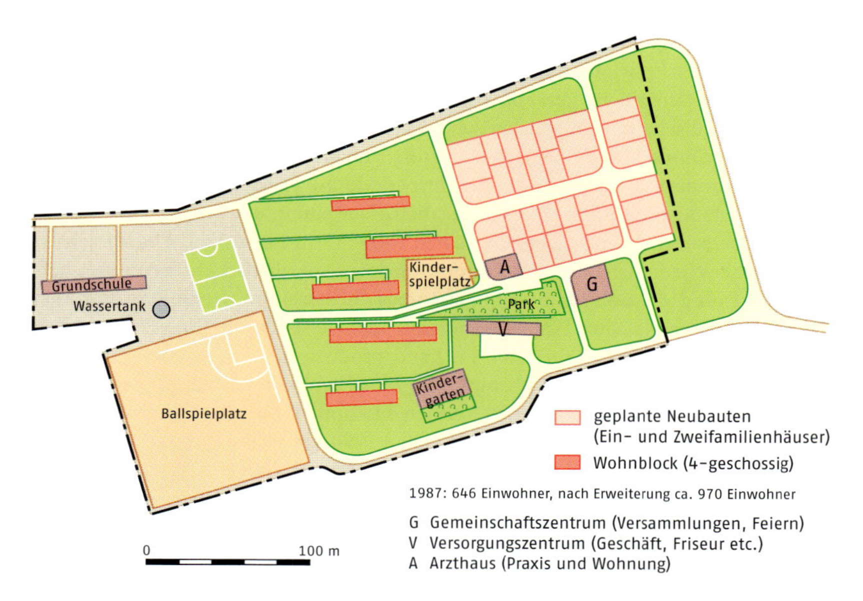

Plansiedlungen im ländlichen Raum (nach Bähr / Mertins 1989, S. 10)

auf. Die politische Annäherung Kubas an die UdSSR und die Einbindung in das System der sozialistischen Arbeitsteilung des Rates für gegenseitige Wirtschaftshilfe (RGW) im Jahr 1972 verfestigte den Aufbau einer sozialistischen Gesellschaftsordnung und egalitärer Strukturen in Kuba. Im Gegensatz zu den offensichtlichen Verbesserungen der Lebensverhältnisse geriet die wirtschaftliche Basis des Landes immer mehr in eine Schieflage. Die Mängel des staatssozialistischen Lenkungsmodells und die einseitige Konzentration der Volkswirtschaft auf den Anbau von Zuckerrohr und die Herstellung von Zucker erhöhten bis zum Ende der 1980er Jahre das kubanische Staatsdefizit. Verantwortlich dafür war einerseits der enorm gestiegene Importbedarf der Insel, besonders bei Lebensmitteln und Konsumgütern; andererseits führte der fallende Weltmarktpreis für Zucker zu einer Entwertung der Exporte Kubas und zu einem gigantischen Handelsbilanzdefizit. Die sinkende Effizienz der Staatsbetriebe, die geringe Arbeitsproduktivität und eine fehlende Auslastung der Betriebe verstärkten den wirtschaftlichen Kollaps Kubas nach der Auflösung des sozialistischen Wirtschaftsblockes 1989/90 und machten die Defizite der Planwirtschaft nur allzu deutlich. Die plötzliche wirtschaftliche Isolation Kubas, fehlende Absatzmärkte und die abrupt abgebrochenen Handelsbeziehungen hatten nicht nur Folgen auf das Güterangebot in Kuba, sondern in erster Linie auf das Alltagsleben der Kubaner.

Bis August 1990 kam fast alles zum Erliegen: Betriebe konnten wegen fehlender Rohstoffe nicht mehr produzieren, es gab nicht mehr genug Benzin, der öffentliche Verkehr wurde fast vollständig lahmgelegt, mehrstündige Stromabschaltungen wurden zur Regel, und in den Läden gab es kaum noch Lebensmittel. Die kubanische Führung reagierte im August 1990 darauf und verkündete die sogenannte Sonderperiode zu Friedenszeiten. Mit diesem Notstandsprogramm sollte die egalitäre Verteilung der knappen Güter und Lebensmittel weitestgehend erhalten werden. Im Kern stand die wirtschaftliche Wiederbelebung des Landes, um die „sozialistischen Errungenschaften" und die politische Stabilität Kubas zu bewahren. Besonders betroffen von der plötzlichen Nahrungsmittelknappheit waren die Einwohner in den Städten. Viele Agrarbetriebe im Land produzierten kaum noch etwas; für den Betrieb der Traktoren und Maschinen fehlte ihnen der Diesel, um die ausgedehnten Flächen bewirtschaften zu können. Ein ausgeklügelter Ernährungsplan, der *plan alimenatario*, sollte 1990 die Versorgungskrise mildern. Vor allem die Stadtbewohner waren aufgerufen, durch vierzehntägige Arbeits- und Ernteeinsätze ihre eigene Versorgungslage zu verbessern. Die harte Arbeit war jedoch für viele sehr anstrengend, gerade für Büroangestellte oder Fabrikarbeiter war die Arbeit in der Landwirtschaft ungewohnt, sodass die persönliche Motivation für diesen gesellschaftlichen Einsatz bei vielen rasch nachließ. Viele versuchten in erster Linie die persönliche Situation

zu verbessern. So erreichte vieles von dem, was auf den Feldern angebaut und produziert wurde, nicht seinen eigentlichen Bestimmungsort, sondern landete irgendwie auf dem eigenen Tisch. Selbst in den Städten begannen die Menschen in den 1990er Jahren damit, zwei bis drei Hühner zu halten; das brachte ihnen nicht nur Eier, sondern ab und zu auch eine Fleischration oder zusätzliche Einnahmen durch den Verkauf an Nachbarn oder Fremde.

Ihren Höhepunkt erreichte die Versorgungskrise 1994, die zu Ausschreitungen und sozialen Unruhen in Havanna führte. Der Druck auf die Regierung wuchs. Castro selbst ordnete die Wiedereröffnung der Bauernmärkte (*agromercados*) an, auf denen die Bauern und landwirtschaftlichen Betriebe ihre Produkte teilweise verkaufen durften. Selbst privatwirtschaftliche Tätigkeiten (*trabajo por cuenta propia*) wurden 1995 für Teilbereiche der Wirtschaft ermöglicht. Kubas ökonomischer Entwicklungspfad und die Konzentration auf den Tourismus ermöglichten lukrative Beschäftigungsverhältnisse für einen Teil der Bevölkerung. Vor allem Hotelangestellte können durch Trinkgelder ihre persönliche Einkommenssituation im Vergleich zum Durchschnitt verbessern. Viele Kubaner versuchen seitdem, profitable Einkommensquellen zu erschließen. Selbst Akademiker zogen es vor, einfache Tätigkeiten auszuüben. Als Taxifahrer oder Touristenführer erwirtschaften sie Devisen und damit höhere Einkünfte.

Seit 1994 öffnet sich die Einkommensschere in Kuba; dazu beigetragen haben auch die Geldüberweisungen (*remesas*) von Familienangehörigen aus dem Ausland. Die Legalisierung des Devisenbesitzes im Oktober 1993, mit welcher der Besitz von US-amerikanischen Dollars oder anderen konvertiblen Währungen für die Kubaner außer Strafe gestellt wurde, führte in Kuba zur Entwicklung von Parallelwelten und eines doppelten Währungssystems. Die *bodegas* bilden ein dichtmaschiges Netz von kleinen Lebensmittelläden, in denen die Kubaner Nahrungsmittel und Waren des täglichen Grundbedarfs gegen Vorlage ihres Zuteilungshefts, der *libreta*, in kubanischen Pesos erhalten. Von dem reichhaltigen und stark überteuerten Angebot in den Devisenläden profitieren nur diejenigen, die Zugang zu Devisen haben; als offizielles Zahlungsmittel galt hier bis zur Einführung des kubanischen konvertiblen Pesos (CUC) im Oktober 2004 der US-Dollar. Der staatliche Deviseneinzelhandel nützt insbesondere dem kubanischen Staat; mit einem Mehrwertsteuersatz von bis zu 250 Prozent werden die in der Bevölkerung zirkulierenden Devisen abgeschöpft. Damit finanziert Kuba das mittlerweile mangelhafte Gesundheits- und Bildungssystem oder die unzureichende staatliche Grundversorgung mit Lebensmitteln. Selbst die von Raúl Castro 2008 eingeführten Reformen dienen diesem Zweck. Seitdem ist es der kubanischen Bevölkerung zwar möglich, in den Hotels der Insel zu übernachten, Mobiltelefone zu kaufen oder Computer und Motorroller zu erwerben. Eine grundlegende sozioökonomische Erneuerung des Landes oder freiheitlich-demokratische Reformen sind aber nach wie vor nicht in Sicht. Insbesondere die heranwachsende Generation ist damit von Tag zu Tag unzufriedener; sie wünscht sich mehr Mitsprache und vor allem Perspektiven für ein selbstbestimmtes Leben. *(Daniel Krüger)*

Einstürzende Wohnhäuser und das Problem der Wohnraumversorgung

Abseits der historischen Plätze, der breiten Prachtpromenaden und der touristischen Zentren sind viele Wohnhäuser und Gebäude durch die Zeit mittlerweile stark in Mitleidenschaft gezogen. Bröckelnde und blasse Fassaden sind dabei das geringere Problem. Der Verfall der Bausubstanz führt seit Jahrzehnten zu einem Wohnungsmangel. Das feuchte, subtropische Klima und die hohe Luftfeuchtigkeit tun ihr Übriges: Besonders in Küstennähe, etwa an Havannas Uferpromenade Malecón, greift die salzhaltige Gischt den Beton an. Viele Kubaner sind allerdings wegen ihres geringen Einkommens kaum in der Lage, große Instandhaltungs- und Ausbesserungsarbeiten selbst durchzuführen: Ein 25 Kilogramm schwerer Sack Zement kostet sechs CUC, fast ein Drittel des monatlichen Durchschnittseinkommens.

Die Knappheit an Wohnraum stellte bereits vor der Revolution ein gravierendes Problem dar, dem sich die Revolutionsregierung schnell annahm. Das Wohnraumdefizit war während dieser Zeit etwa halb so groß, wie der gesamte Wohnungsbestand. So wurde dem Staat fast sämtliche immobilienwirtschaftliche Verantwortung übertragen; privatwirtschaftliche Eingriffe wurden hingegen zumindest offiziell unterbunden, blieben aber bis heute unverzichtbar, um dem Mangel wenigstens ansatzweise entgegenzutreten. Besonders der Bau neuer Wohnungen verlangte horrende Investitionen – Geld, das der Regierung allerdings nur beschränkt zur Verfügung stand. Neuer Wohnraum musste deshalb günstig und vor allem schnell zu schaffen sein. Standardisierung und Industrialisierung des Bausektors waren – ähnlich wie in anderen Ländern Mittel- und Osteuropas – die Lösung. Anonyme und triste Plattenbausiedlungen und Schlafstädte finden sich deshalb auch auf Kuba. Bekanntestes Beispiel ist der Stadtteil Alamar im Osten Havannas, den man nach Durchquerung des Tunnels unterhalb der Hafenbucht nach einigen Kilometern erreicht. Alamar unterscheidet sich in seiner Struktur kaum von anderen Plattenbausiedlungen: Inmitten der monotonen, zementgrauen Wohngebäude finden sich hier und da eine Schule oder ein Kindergarten, *bodegas* und bestenfalls noch eine Sportanlage, um nach der Schule *beisbol* mit den Freunden zu spielen.

Viele Wohnungen wurden von staatlichen Baubrigaden errichtet, aber selbst Betriebe entsandten Teile ihrer Belegschaft, um für sich selbst und ihre Kollegen Wohnraum zu schaffen. Besonders in den 1970er und 1980er Jahren errichteten diese sogenannten Mikrobrigaden knapp 100 000 Wohnungen. Heute befinden sich die Plattenbauten in einem schlechten baulichen Zustand. Während des Baus ging es weniger um ästhetischen Anspruch oder

Pro Jahr fertiggestellte Wohnungen

Zeitraum	staatlich gebaute Wohnungen	in privater Initiative errichtete Wohnungen	gesamt
1959–1970	8300	26400	34700
1971–1975	15900	26500	42400
1976–1980	16500	32300	48800
1981–1985	27000	41400	68400

Quelle: CEE 1991; Hamberg 1994; ONE 1998, zit. bei Widderich 2002, S. 121.

Anteil des staatlichen, kooperativen und privaten Sektors am Wohnungsbau

Jahr	Anteil an allen im Kalenderjahr fertig gestellten Wohnungen (in %)		
	staatliche Baubrigaden	landwirtschaftliche Kooperativen	private Initiative
1985–1989	68	8	24
1990	62	5	33
1991	64	3	33
1992	62	2	36
1993	62	8	30
1994	65	10	25
1995	54	25	21
1996	53	22	25
1997	49	17	34
1998	47	21	32
1999	46	15	39
2000	48	14	38

Quelle: CEE 1991; ONE 2001; zit. bei Widderich 2002, S. 127.

Centro Habana – hier heißt es renovieren, renovieren, renovieren ...

Zu spät für die Sanierung – ein komplett eingestürztes Haus in Centro Habana

Azoteas – illegale renovierungsbedürftige Dachaufbauten

Qualität, sondern vielmehr um Quantität. Die baulichen Mängel sind aber auch eine Ursache der fehlenden Fachkunde der Mikrobrigadisten. Ausgebildet in anderen Berufen, fehlten ihnen die notwendigen Fachkenntnisse der Baufacharbeiter oder Bauingenieure. Wesentlich gravierender wog jedoch der Umstand, dass durch die Schaffung von neuem, standardisiertem Wohnraum die Altbausubstanz in den Städten Kubas vollends vernachlässigt wurde.

In Centro Habana, einem Stadtteil zwischen dem historischen Stadtkern Habana Vieja und dem zu Beginn des 20. Jahrhunderts entstandenen Mittelschichtviertel Vedado, fanden kaum noch Erhaltungsmaßnahmen statt. Der Verfall von Centro Habana begegnet dem Besucher heute auf Schritt und Tritt. Eingestürzte oder vom Einsturz gefährdete Häuser, marode, teils unbewohnbare Gebäude und Baulücken verstärken das knappe Wohnungsangebot noch. Oftmals leben in einem Haushalt mehrere Generationen gleichzeitig. Räume werden horizontal und vertikal unterteilt, dabei entstehen die sogenannten *barbacoas*. Durch den Einzug einer Zwischendecke oder einer zusätzlichen Trennwand wird die Anzahl der Zimmer erhöht, um wenigstens so eine gewisse Privatsphäre zu schaffen. Fehlt das Geld, um die oftmals von der Baubehörde nicht genehmigten Umbaumaßnahmen durchzuführen, müssen Bettlaken als Raumteiler herhalten. Auch mit illegalen Dachaufbauten (*azotea*) schaffen sich die Kubaner zusätzlichen Wohnraum – frei nach der Devise: Wenn der Staat nicht baut, bauen wir selbst.

Junge Pärchen und Familien warten oft jahrelang auf eine eigene Wohnung, die ihnen vom Staat zugeteilt wird. Eine Alternative ist der Wohnungstausch. Wer aufmerksam durch die Straßen läuft, wird – meistens an den Haustüren oder den mit Gittern verzierten Fenstern – ein kleines Schild mit der Aufschrift „*se permuta*" (man tauscht) entdecken können. Will man eine kleinere gegen eine größere Wohnung tauschen, ist einiges an Verhandlungsgeschick gefragt; nicht selten wechseln dabei einige Tausend CUC – inoffiziell – den Besitzer. Selbst Wohnungswechsel zwischen mehreren Personen sind keine Seltenheit. Eine regelrechte Tauschbörse hat sich seit Jahren in Havanna auf dem Paseo de Martí (Prado) etabliert. Hier treffen – meist an den Wochenenden – Wohnungssuchende auf Tauschinteressierte oder auf selbsternannte Immobilienmakler, die sich die Wohnungsknappheit zum Geschäft machen.

Die Mieten für Wohnraum sind in Kuba gering, sie betragen durchschnittlich nur rund ein Zehntel des Einkommens. Mietwohnungen nach deutschem Verständnis gibt es auf Kuba nicht. Ende der 1980er Jahre wurden die Wohnungen den Nutzern übertragen, und jeder erhielt daraufhin eine *propiedad* (Besitzurkunde). Die bis dahin geleisteten Mietzahlungen wurden auf den festgelegten „Kaufpreis" der Wohnung angerechnet und der zu zahlende Restbetrag nach sozial gestaffelten Raten auf maximal ein Viertel des Haushaltseinkommens festgesetzt. Damit erwarb man gleichzeitig ein

Marode Fassade in Centro Habana

Straßenszene in Habana Vieja

Wohnrecht auf Lebenszeit, welches an die nachfolgende Generation vererbt wird, die dann wiederum mit der Abzahlung des Wohnrechts beginnt. Dieses erlischt, wenn keine Vererbung möglich ist, oder im Falle einer Ausreise in die USA. Vorteile brachte die Umwandlung der Miet- in Eigentumsverhältnisse insbesondere für den Staat. Er entledigte sich so seiner Pflicht, für die Instandhaltung der Wohnungen zu sorgen.

Viele Kubaner, die über eine ausreichend große Wohnung verfügen, vermieten ein oder zwei Zimmer an Touristen. Die *casas particulares* (Privatunterkünfte) sind bei den Besuchern Kubas sehr beliebt. Für 20 bis 35 CUC kann man abseits der Hotels ein wenig in das kubanische Alltagsleben eintauchen. Den Vermietern, die zuvor eine staatliche Lizenz beantragen müssen, bleibt jedoch nicht viel von den Einnahmen; einen Großteil zahlen sie als Abgaben an den Staat zurück, selbst in den Monaten, in denen sie keine oder kaum Einnahmen erzielen. Dennoch können wenigstens auf diese Weise einige der Wohnungen und Gebäude vor dem weiteren Verfall bewahrt werden: Viele reinvestieren das Geld in die Sanierung ihrer eigenen vier Wände. *(Daniel Krüger)*

Sport auf Kuba – der Spagat zwischen Masse und Klasse

„Kuba belegt Rang eins in der Welt bei den pro Kopf gewonnenen Goldmedaillen", heißt es in einem zeitgenössischen Aufsatz (Pettavino / Brenner 2008). Freilich muss diese Aussage etwas spezifiziert werden. Nimmt man die gewonnenen Medaillen pro eine Million Einwohner beispielsweise bei den Olympischen Spielen in Barcelona 1992, dann stimmt diese Aussage (allerdings nur, wenn Länder mit einer Mindestbevölkerung von einer Million Einwohner betrachtet werden – die Bahamas würden dann aus der Wertung fallen; Tabelle). Seit dieser Veranstaltung konnte Kuba den Spitzenplatz allerdings nicht verteidigen und rangierte bei den letzten Olympischen Spielen in Peking auf Platz acht.

Wer hätte das gedacht? Dabei war Anfang des 20. Jahrhunderts der Sport nur privilegierten Kreisen vorbehalten – beispielsweise war die Hautfarbe ein

Vergleich der Medaillen je eine Million Einwohner bei den Olympischen Sommerspielen in Barcelona 1992 (a) und Peking 2008 (b).

(a) Olympische Spiele in Barcelona 1992						
Land	**Gold**	**Silber**	**Bronze**	**Medaillen gesamt**	**pro 1 Mio. Einw.**	**Einwohnerzahl (in Mio.)**
1. Bahamas	0	0	1	1	3,79	0,26
2. Kuba	16	6	11	33	3,08	10,7
3. Ungarn	11	12	7	30	2,88	10,4
4. Neuseeland	1	4	5	10	2,86	3,5
5. Surinam	0	0	1	1	2,45	0,41
(b) Olympische Spiele in Peking 2008						
Land	**Gold**	**Silber**	**Bronze**	**Medaillen gesamt**	**pro 1 Mio. Einw.**	**Einwohnerzahl (in Mio.)**
1. Bahamas	0	1	1	2	6,51	0,31
2. Jamaika	6	3	2	11	3,93	2,8
3. Island	0	1	0	1	3,29	0,30
4. Slowenien	1	2	2	5	2,50	2,0
5. Australien	14	15	17	46	2,19	21,0
8. Kuba	2	11	11	24	2,11	11,4

Breitensport – kubanisches Fitnesszentrum

Ausschlusskriterium – und in privaten Vereinen organisiert. Olympiasieger aus der vorrevolutionären Zeit entstammen meist dem Fechten, einer traditionell eher aristokratischen Sportart. Dies änderte sich seit 1959 unter dem Regime Castro grundlegend. Bereits 1961 wurde eine nationale Sportbehörde, das Instituto Nacional de Educación Física y Recreación de Cuba (INDER) gegründet, jegliche Diskriminierung beim Zugang zu Vereinen verboten, aktivierende Kampagnen gestartet und Eintrittsgelder zu Sportveranstaltungen abgeschafft – kurzum, der Sport wurde zu einem öffentlichen Volksgut. Das neue Programm unter dem Stichwort *masividad* hatte großen Zulauf: In den darauf folgenden zehn Jahren (bis 1971) stieg die Zahl der Kubaner, die regelmäßig an sportlichen Aktivitäten teilnahmen, von 40 000 auf über eine Million.

Das System erwies sich als sehr wirkungsvoll: Bei Olympischen Sommerspielen zwischen 1976 und 2000 gehörte Kuba stets zu den zehn besten Nationen im Medaillenspiegel. Den Höhepunkt der sportlichen Erfolge stellte neben den Sommerspielen in Barcelona 1992, als Kuba den fünften Platz in der Nationenwertung belegte, die Austragung der Panamerikanischen Spiele im Jahr 1991 im eigenen Land dar: Damals errangen die kubanischen Sportler mehr Goldmedaillen als die USA und waren die insgesamt erfolgreichste Mannschaft. Für das kontinentale Sportfest war eigens ein Sportlerdorf mit einer breit gefächerten Sportinfrastruktur (Stadion, Schwimmbecken usw.), die Villa Panamericana zwischen Habana del Este und Alamar im Osten der Hauptstadt, errichtet worden. Das kostspielige Bauvorhaben war das bisher letzte hochkarätige Projekt auf Kuba. Kurz danach brach mit dem Ende der UdSSR die Wirtschaftskooperation der Ostblockstaaten (Rat für gegenseitige Wirtschaftshilfe) zusammen und mit ihm die nötigen Kapitalströme für eine angemessene Sportförderung.

Diese durchaus imposante Entwicklung kommt nicht von ungefähr. Fidel Castro wurde 1944 zum besten Schulsportler seines Landes gewählt. Er erwarb seinen Ruhm insbesondere als Mitglied der Baseball- und Basketballmannschaft der Belen-Schule in Havanna, zudem war er ein erstklassiger 400-Meter-Läufer. Später tat er immer wieder kund, dass er ohne seine

Sportförderung in Kuba

Neben dem Breitensport wurde gemäß den Ideen von Pierre de Coubertin, dem Gründer der neuzeitlichen Olympischen Spiele, ein effizientes System für die Förderung von Spitzenleistungen etabliert. Die pyramidenartige Organisation besteht aus vier aufeinander aufbauenden Leistungsebenen. Vielversprechende Talente werden vom siebten bis zum 16. Lebensjahr in provinzeigenen Sportschulen (Escuelas de Iniciación Deportiva Escolar, EIDE) gefördert. Den Besten winkt gar eine Aufnahme in höhere Ausbildungsinstitutionen, den Escuelas Superiores de Perfeccionamiento Atlético (ESPA), die es ebenfalls in jeder Provinz gibt. Rund 25 000 Schüler genießen so eine gezielte Ausbildung. Darüber hinaus existieren landesweit zwei Eliteschulen (Centros de Alto Rendimiento Deportivo, CEAR) für 700 Spitzensportler, die die letzte Stufe vor den Nationalkadern (Equipo Nacional, EN) darstellen.

Pyramidenförmige Organisation des Spitzensports auf Kuba

körperliche Fitness die Revolution wohl nicht durchgestanden hätte. So ist es nicht verwunderlich, dass er seine Begeisterung für den Sport bis heute öffentlich zeigt. Erfolgreiche kubanische Sportler kommen meist in den Genuss einer Privataudienz bei Castro nach der Rückkehr von bedeutenden internationalen Wettkämpfen. In seinen zuletzt immer seltener werdenden Fernsehauftritten zeigt er sich stets in Trainingsanzügen namhafter Sportartikelhersteller.

Besonders beliebte Disziplinen auf Kuba sind die Leichtathletik, das Boxen und der Nationalsport Baseball (*pelota*). Als Nationalhelden verehrt werden neben den Boxern Teófilo Stevenson und Félix Savon, die in den 1970er beziehungsweise 1990er Jahren jeweils dreimal Gold bei Olympischen Spielen gewannen, der Hochspringer Javier Sotomayor, der bis heute als einziger die 2,45 Meter übersprang, und vor allem auch die Spieler der Baseball-Nationalmannschaft. Sie ist das sportliche Aushängeschild Kubas schlechthin: Seitdem die Disziplin im Jahr 1992 olympisch wurde, holte Kuba dreimal den Titel und wurde zweimal erst im Finale bezwungen; oft hatte der Erzrivale, die USA, das Nachsehen. Bedauerlicherweise – aus kubanischer Sicht – wurde Baseball 2006 wieder aus dem olympischen Programm gestrichen und wird 2012 in London bei den Spielen nicht mehr ausgetragen. Einige kubanische Spieler folgten dem Lockruf des großen Geldes der US-amerikanischen Profiliga – den berühmtesten Fall stellen die Ausnahmeathleten und Brüder Hernández dar, die 1996 in die USA überliefen und mit ihren Teams die Meisterschaft erringen konnten. Aber die meisten Weltklassespieler spielen für umgerechnet rund 20 US-Dollar in den Provinzklubs der nationalen Amateurliga. Um die Migration dieser Spitzensportler einzudämmen, genießen diese Leute neuerdings besondere Privilegien. Außer einem eigenen Auto und anderen „westlichen" Statussymbolen werden ihnen großzügige Häuser und ausländische Produkte zugestanden. Mittelmäßige US-Spieler können froh sein, dass das Wirtschaftsembargo noch hält.

Im Moment ist aber ein deutlicher Abwärtstrend zu verzeichnen: Mit einer mageren Ausbeute von nur zwei Goldmedaillen, bei insgesamt 24-mal Edelmetall, in Peking 2008 fiel Kuba in der Nationenwertung auf Platz 28 zurück. *(Lech Suwala)*

Wohnanlage in der Villa Panamericana

Ewige Knappheit in der Lebensmittelversorgung – fünfzig Jahre Lebensmittelzuweisung per *libreta*

Für ausländische Besucher Kubas sind sie oft nicht wahrzunehmen: Die kleinen, unscheinbaren, meistens an einer Häuserecke untergebrachten *bodegas* lassen sich am ehesten mit Tante-Emma-Läden vergleichen. Dort kaufen die Kubaner die Waren des täglichen Bedarfs ein. Der Unterschied zwischen beiden ist, dass die Auswahl an Produkten in einer *bodega* sehr gering ist und auch ihre Präsentation ausländischen Touristen kaum ins Auge fällt.

Staatliches Rationierungssystem

Im März 1962 wurde die Junta Nacional para la Distribución de los Abastecimientos gegründet, jene staatliche Institution, welche ab sofort das staatliche Rationierungssystem für Konsumgüter organisierte. Ursprünglich für eine Übergangszeit zur Konsolidierung der Revolution geplant, hat das staatliche Rationierungssystem bis heute Bestand und gewährleistet allen Kubanern gleicher Altersstufe die gleiche Versorgungsmenge, ganz unabhängig vom persönlichen Einkommen, den Notwendigkeiten und individuellen Präferenzen.

Innenleben einer *bodega*

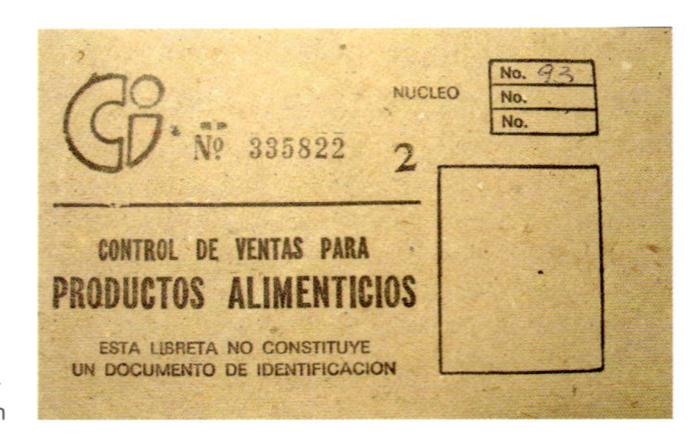

NUCLEO No. 93 No. No.

Nº 335822 2

CONTROL DE VENTAS PARA
PRODUCTOS ALIMENTICIOS

ESTA LIBRETA NO CONSTITUYE
UN DOCUMENTO DE IDENTIFICACION

Nahrungsmittelversorgung auf Bezugsschein

23358-2293-1 ENTREGAS MES DE ENERO 7

				Café		
Arroz	6			Café	5/1	25/1
Granos	20			Cig. Fuerte	3	2a
				Cig. Suave	1	
Aceite				Tabaco	4	
Manteca				Fósforos	1	
Azúcar	3p			Pasta Dental		
Compota				1	1
Cons. Tomate				2 Sal	3/4	
Jabón Baño				3 Galleta	1	
Jabón Lavar	1			4	1/2	
Detergente				5		

Subventionierter Warenkorb im Monat Januar

AVISO IMPORTANTE

1. Las Altas en el Registro de Consumidores se podrán realizar por cualquier persona y las Bajas por un componente del núcleo, de 16 años o más, previa presentación de su carné de identidad y los documentos correspondientes.
2. No se podrá dar BAJA sin el consentimiento del afectado, mientras éste mantenga su Carné de Identidad con la misma dirección de la Libreta de Abastecimiento.
3. Es obligatorio dar BAJA de esta libreta a todo consumidor que:

MOTIVOS	TIEMPO PARA DAR BAJA:
a) Falleciere	Dentro de los 10 días hábiles posteriores al fallecimiento.
b) Permanezca hospitalizado, en Hogar de Anciano y en Centro Penitenciario por más de 3 meses.	Dentro de los 10 días hábiles posteriores a los 3 meses de la hospitalización o reclusión.
c) Salga del territorio Nacional	Antes de efectuar la salida.

4. La pérdida de las Libretas de Control de Ventas (Alimento e Industriales) se notificarán por un componente del núcleo en la Oficina del Registro de Consumidores donde estén inscriptos los consumidores.

Hinweise auf der *libreta* – beim Verlassen des Landes ist die Person von der *libreta* zu streichen

Die Versorgungslage war in Kuba stets angespannt und die angestrebte Unabhängigkeit bei der Lebensmittelversorgung durch eine mehrmals in Angriff genommene Importsubstitutionspolitik nie erreicht worden. Deshalb und wegen der egalitären Gesellschaftsordnung Kubas wurde bereits sehr frühzeitig damit begonnen, die knappen Lebensmittel an alle kubanischen Haushalte „gerecht" zu verteilen.

Jeder Haushalt verfügt über ein Bezugs- und Zuteilungsheft (*libreta*), in dem die Anzahl der im Haushalt lebenden Personen, ihre Namen, Geschlecht und Geburtsdatum sowie die Adresse eingetragen sind. Die Nummer in der *libreta* verweist auf eine ganz bestimmte *bodega* in fußläufiger Umgebung der eigenen Wohnung, in der man Produkte wie Reis, schwarze oder rote Bohnen, Erbsen, Eier, Zucker, Kaffee oder auch Zahnpasta, Hühnchen oder Fisch zu sehr niedrigen Preisen erhält. Auch ein Brötchen pro Person und Tag erhält man mit Zuteilungsheft, Obst und Gemüse jedoch nicht. Die Preise dieser Grundbedarfsgüter werden vom kubanischen Staat subventioniert, gewöhnlich durch die stark überhöhten Preise, die Kubaner und Ausländer in den CUC-Läden zahlen. In der *bodega* bezahlen die Kubaner nicht in der kubanischen Devisenwährung CUC, sondern mit dem Peso.

Die Monatsrationen, die in der *libreta* angegeben und penibel nach dem Einkauf abgezeichnet werden, schwankten je nach gesamtwirtschaftlicher Lage und Verfügbarkeit sowohl über die Jahre als auch regional. Außerdem gibt es für bestimmte Bevölkerungsgruppen Sonderrationen. So profitieren Schwangere, ältere Personen oder chronisch Kranke von zusätzlichen Zuteilungen oder anderen Lebensmitteln. Nach offiziellen Angaben erhalten Kinder bis zum siebten Lebensjahr über die *libreta* täglich einen Liter Frischmilch. Es kann aber auch vorkommen, dass dieser Liter Milch mit Wasser verdünnt werden muss, um ihn über zwei Tage zu strecken, oder man bekommt anstelle der Frischmilch

Carnicería – eine lokale Metzgerei

Milchpulver. Genauso wenig kann man sich sicher sein, dass man Hühnchen oder Fisch jeden Monat erhält.

Die subventionierten Rationen reichen oft kaum bis zum Monatsende. So hat zum Beispiel ein Erwachsener Anspruch auf etwa 3,5 Kilogramm Reis, der in Kuba bei keinem Essen fehlen darf. Gut beraten sind die Kubaner zudem, wenn sie täglich in ihrer *bodega* vorbeischauen oder auf ihre Nachbarn hören, die gerade aus der *bodega* kommen. Treffen Fleischprodukte oder Geflügel ein, hat man nur kurze Zeit, um sich mit der in der *libreta* angegebenen Menge einzudecken. Danach kann es sein, dass der Magen leer bleibt – auch weil Produkte des rationierten Lebensmittelhandels oft unter dem Ladentisch und auf dem Schwarzmarkt verkauft werden. *(Daniel Krüger)*

Agromercados zur Sicherung der Lebensmittelversorgung

Die Bauernmärkte (*mercados agropecuarios*) wurden 1994 in Kuba wiedereröffnet, nachdem Fidel Castro sie 1986 hatte schließen lassen. Dazu beigetragen haben auch die Ereignisse im Sommer 1994, als erstmals nach der Revolution wieder Unruhen, Straßenschlachten und Hotelplünderungen in Havanna stattfanden. Die Angst des Comandante en Jefe vor marktwirtschaftlichen Strukturen und die Gefahr, dass sich Einzelne bereichern könnten, konnten diesen Schritt jedoch nicht verhindern. Die Unzufriedenheit im Land wuchs, die Versorgungsmängel und damit die Not traten zu Beginn der Sonderperiode immer deutlicher zutage, sodass im Oktober 1994 die ersten Bauernmärkte wieder geöffnet hatten. Sie sind bis heute in allen größeren und kleineren Städten Kubas zu finden. Ihr reges Markttreiben, die bunte Auswahl an tropischen Früchten, die exotischen Düfte und der mitunter für ausländische Besucher gewöhnungsbedürftige Anblick der Fleischauslagen haben seitdem wieder ihren festen Platz im kubanischen Versorgungssystem. Von dienstags bis sonntags bieten Händler auf den *agromercados* meistens Obst und Gemüse, Reis, Süßkartoffeln, Yucca und andere Stärkeknollen, aber auch Schweinefleisch an. Kartoffeln, Fleisch vom Rind, Büffel oder Pferd, Milch oder Milchprodukte, Kaffee, Kakao oder Zucker sucht man allerdings vergebens, da sie nicht auf den Märkten verkauft werden dürfen.

Die Produkte stammen von den Kleinbauern, den Kooperativen (CCS, CPA, UBPCs), aber auch von militärischen und anderen staatlichen Agrarbetrieben. Alles das, was sie über das Planziel hinaus produzieren und keinen Beschränkungen unterliegt, dürfen sie – sofern sie einen Lastwagen für den Transport ihrer Produkte zum Markt besitzen oder die Produkte von Zwischenhändlern aufgekauft werden – auf den Bauernmärkten verkaufen. Im

Sortierte Auslagen auf einem privaten Bauernmarkt

Unattraktive Auslage auf einem staatlichen Bauernmarkt

Vergleich zur Angebotspalette einer *bodega* ist die Auswahl hier sehr vielfältig, die Preise liegen aber auch höher; sie richten sich nach Angebot und Nachfrage. Zu Saisonbeginn oder -ende, wenn das Angebot begrenzt ist, sind die Produkte wesentlich teurer als zur Haupterntezeit. Dieses marktwirtschaftliche Element der Bauernmärkte und die vielen Zwischenhändler sind dem Staat ein

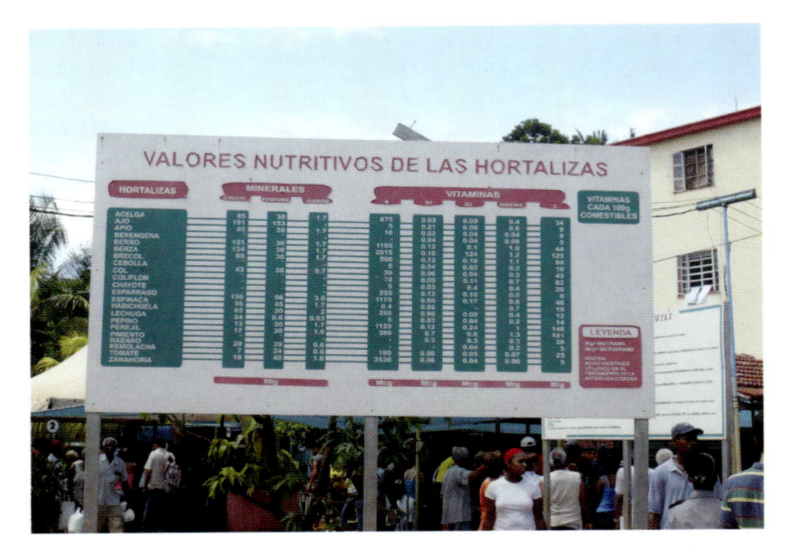

Für den gesundheitsbewussten Kubaner – Nährwerttabelle auf einem staatlichen Bauernmarkt

Staatlicher Bauernmarkt ohne Gemüseangebot

Dorn im Auge. Gerade weil die Agrarproduzenten nur die Überproduktion auf den Märkten verkaufen dürfen und sich die Preise nach dem Prinzip von Angebot und Nachfrage bilden, waren viele Produzenten daran interessiert, das Angebot künstlich zu verknappen. Mittlerweile führte die gestiegene Präsenz staatlicher Produzenten dazu, dass das Angebot ausgeweitet wurde und das Preisniveau in den letzten Jahren gesunken ist. Mit dazu beigetragen hat auch die Einführung staatlicher Bauernmärkte, auf denen die Preisbildung durch Angebot und Nachfrage nur bis zu einem bestimmten Niveau möglich und damit gedeckelt ist. Dennoch sind die Preise der Agrarprodukte für ein kubanisches Durchschnittseinkommen relativ hoch und nicht jeder kann sich einen Einkauf auf dem *agromercado* leisten. Um das Marktgeschehen für jeden transparent zu machen, müssen die Verkäufer an ihrem Stand auf kleinen Kreidetafeln Produkte und Mengenpreise kenntlich machen. Als ausländischer Besucher sollte man am Eingang eines Bauernmarktes seine CUC in einer Wechselstube (Casa de Cambio, CADECA) in Pesos umtauschen, da die Waren normalerweise nur gegen „*moneda nacional*" verkauft werden dürfen. Positiv haben sich die Bauernmärkte nicht nur für die Agrarproduzenten oder auf die Versorgungssituation der Kubaner ausgewirkt, sie haben auch zur Eindämmung des Schwarzmarkthandels beigetragen. Deshalb sind die Bauernmärkte heute auch nicht mehr wegzudenken, was selbst Fidel Castro eingestand. *(Daniel Krüger)*

Nahrungsmittelversorgung im Nahbereich – das Konzept der *organopónicos*

Überall in den Städten des Landes sieht man unmittelbar neben den Hochhäusern der Großwohnsiedlungen kleine, intensiv bewirtschaftete Flächen städtischer Landwirtschaft. Diese *organopónicos* entstanden in der Sonderperiode, als es Anfang der 1990er Jahre zu gravierenden Versorgungsdefiziten mit frischem Gemüse für die städtische Bevölkerung kam. Die staatlichen Großbetriebe in den ländlichen Gebieten waren aufgrund von fehlendem Saatgut, Dünger und Transportmitteln nicht mehr in der Lage, die Bewohner der Städte zu beliefern. Zur Lösung der Mangelsituation entstand die Idee, lokal in unmittelbarer Nachbarschaft zu den Wohnblöcken Gemüse anzubauen; dadurch entfallen Transporte.

Kleine Agrarflächen neben den Großwohnsiedlungen wurden Kooperativen (siehe den Abschnitt zu UBPCs) zur Nutzung zur Verfügung gestellt. Kooperativen sind eine interessante Mischform aus sozialistischen und marktwirtschaftlichen Elementen. Die Flächen gehören dem Staat, die Kooperative ist Eigentümer der Produktionsmittel, und die Mitglieder

Humusbecken mit Regenwürmern

Gemüsebeete

Setzlinge

„Vivero Alamar“

der Kooperative erhalten nicht nur einen festen Lohn, sondern sie sind am wirtschaftlichen Erfolg durch zusätzliche Gewinnausschüttungen beteiligt. Sie besitzen auch Mitbestimmungsrecht über Produktion, Investitionen, Aufnahme neuer Mitglieder und die Leitung. Aus dem Kreis der Mitglieder werden ein Vorstand und ein Präsident gewählt, der für eine Amtszeit von fünf Jahren die Geschäftsführung übernimmt. Das Gemüse wird für Pesos in kleinen Verkaufsständen direkt neben den Beeten zum Verkauf angeboten. Die Preise bilden sich je nach Marktlage: Im schwülheißen Sommer, wenn weniger angebaut werden kann, liegen sie deutlich über denen der Haupterntemonate.

Da auf die externe Lieferung von Dünger, Pflanzenschutzmitteln und Saatgut weitgehend verzichtet werden muss, versuchen die *organopónicos* interne Stoffkreisläufe zu realisieren; insofern hat die Mangelsituation Kuba zu einem Vorreiter von organischem Anbau gemacht. Bioabfälle werden in Betonbecken gefüllt, etwas bewässert und von Regenwürmern zu Humus aufbereitet. Aus zwei Tonnen organischem Material entsteht rund eine

Das Erfolgsmodell der *organopónicos*

Organopónicos haben wesentlich zur Verbesserung der Versorgungslage der Bevölkerung beigetragen. Im regionalwirtschaftlichen Sinne stellen sie ein Kuriosum dar. Kleinsträumige Wirtschaftskreisläufe mit hohem Arbeitseinsatz, wenig Kapital und kaum externem Input gab es in Europa vor der Industrialisierungsphase. Unser heutiges System ist durch großräumige Arbeitsteilung geprägt, bei welcher sich Regionen auf jene Produkte spezialisieren, für die sie Produktionsvorteile besitzen. In Deutschland verkauftes Gemüse kommt aus Spanien oder Kenia, Äpfel stammen aus Südafrika und Bananen aus Costa Rica. Das geht aber nur bei leistungsfähigen sowie billigen Transportmöglichkeiten – und die fehlen in Kuba.

Tonne Humus; ein Kilogramm des Humus reicht zur Düngung von einem Quadratmeter Anbaufläche, mit einem etwa zehn Kubikmeter großen Betonbecken kann ein Hektar Anbaufläche gedüngt werden. Und die sich rasch vermehrenden Regenwürmer – in einem Kubikmeter der Humusbecken tummeln sich rund 20 000 dieser nützlichen Helfer – können zu Mehl, das als proteinreicher Nahrungsmittelzusatz dient, weiterverarbeitet werden. Auf den Beeten erfolgt die Bestäubung der Pflanzen durch Bienen; diese sind sozusagen Angestellte der Kooperative, die eigene Völker und Bienenstöcke hat. Schädlings- und Insektenbefall versucht man durch spezielle Blumen und Kräuter an den Beeträndern, die von den Fruchtpflanzen ablenken, zu verhindern.

Der Erfolg der *organopónicos* hängt ab von dem Engagement der Mitarbeiter und den Fähigkeiten des Präsidenten. Ein erfolgreiches Beispiel ist der „Vivero Alamar" in einer östlichen Vorstadt Havannas; in dem Wohngebiet Alamar leben über 100 000 Einwohner. Im Jahr 1999 begann die Kooperative auf 800 Quadratmetern mit zehn Mitgliedern Gemüse anzubauen und produzierte anfangs im Jahr rund 20 Tonnen. Heute bewirtschaften die 140 Mitglieder elf Hektar und produzieren nicht nur rund 400 Tonnen Gemüse, sondern auch Gewürze, Gemüse- und Obstbaumsetzlinge. Der monatliche Durchschnittslohn der Mitglieder stieg in dem Zeitraum von 350 Pesos auf über 1000 Pesos. Die Entwicklung der Kooperative wurde von der deutschen Welthungerhilfe begleitet, die Beratung in Produktionstechniken, Betriebswirtschaft und Management leistete und Zuschüsse zu Investitionen (zum Beispiel für Gewächshäuser, Bewässerungssystem, Gebäude) gab.

(Elmar Kulke)

Peso- und CUC-Läden – die merkwürdige Mischkalkulation aus verbilligtem Grundbedarf und überteuerten Konsumgütern

Irgendwie sind Citybereiche mit ihren Warenhäusern und Fachgeschäften, Fußgängerzonen und Straßenkunst das pulsierende Herz und Aushängeschild einer Stadt. Üblicherweise stellt die City für die Bewohner einer Stadt und ihres Umlandes das wichtigste Versorgungszentrum für langlebige Konsumgüter dar. Auswärtige Besucher sehen sich fast immer das Zentrum an und kaufen dort auch das eine oder andere ein. Wer die City einer kubanischen Stadt das erste Mal besucht, ist deshalb richtig verblüfft: Statt eines prallen Warenangebots trifft man auf leere Schaufenster, geschlossene Geschäfte, Warenhäuser, bei denen nur noch im Erdgeschoss einzelne Artikel zum Verkauf angeboten werden. Aber offenbar war das nicht immer so, denn die bauliche Anlage mit Fußgängerzone oder breiten Bürgersteigen und die eindeutig als ehemalige Geschäfte zu identifizierenden Räumlichkeiten belegen, dass dort einmal ein wirkliches Einkaufszentrum war. Und bei näherer Betrachtung kann man Unterschiede sehen: Die Läden, in denen man mit Pesos bezahlt, verfügen über ein ganz dürftiges Angebot; daneben gibt es aber einzelne Geschäfte – oftmals mit Zugangskontrollen –, wo es viel zu kaufen gibt, in denen man allerdings mit CUC bezahlt.

Der Versorgungsmangel ist, wie nicht anders zu erwarten, ein Ergebnis der Sonderperiode. Aber er liegt in einer differenzierten Form vor. Für Pesos, also dem Geld, das der Staat an seine Angestellten als Lohn auszahlt, gibt es fast nichts zu kaufen. In manchen Peso-Läden kann man den Eindruck ge-

Verschlossener Eingang eines ehemaligen Fachgeschäfts

Ehemaliges Warenhaus, in dem nur noch im Erdgeschoss Waren verkauft werden

winnen, dass dort genauso viele Angestellte herumsitzen, wie es Waren gibt. Möglicherweise bekommt man dort für sein Geld ein Paar Gummistiefel, ein T-Shirt oder eine Hose in sehr mäßiger Qualität; die Preise entsprechen den Peso-Einkommen und liegen damit vermutlich unter den Kosten der Produktion.

Viele Artikel gibt es aber für Pesos einfach nicht zu kaufen; da muss man dann auf das parallel vorhandene Verkaufssystem ausweichen. Denn neben dem staatlichen System der Peso-Läden gibt es ein ebenso staatliches System von CUC-Läden, also der Währung, die man eigentlich nicht hat – es sei denn, man arbeitet im Tourismus, kann etwas eintauschen oder hat Verwandte in Florida. In den CUC-Läden wird die ganze Breite möglicher Artikel angeboten, vom Fernseher über Autoreifen bis zu Zement. Die allermeisten Waren sind aus dem Ausland importiert, und viele Wahlmöglichkeiten gibt es nicht; entweder man kauft den Fernseher, der gerade da ist, oder eben

CUC-Lebensmittelgeschäft

Warenangebot in einem CUC-Lebensmittelgeschäft

Einkaufszentrum „Carlos III“ Innenansicht

Einkaufszentrum „Carlos III“ Außenansicht

keinen. Die vom Staat festgesetzten Preise sind außerordentlich hoch, sie liegen mindestens um hundert Prozent über den Preisen vergleichbarer Waren hier bei uns. Ein Sack Zement, der bei uns 1,40 Euro kostet, wird dort für 6 CUC (etwa fünf Euro) verkauft; der kleine Fernseher, den es bei Tchibo für 99 Euro gibt, kostet in Kuba 690 CUC (etwa 520 Euro). Inzwischen gibt es in Havanna sogar ein CUC-Einkaufszentrum, das „Carlos III". Die bauliche Gestaltung entspricht durchaus europäischen Vorbildern, der Angebotsmix ist allerdings kubanisch: Neben einer Boutique für Damenkleidung befindet sich ein Laden mit Autoreifen, daneben gibt es Baumaterial und vis-à-vis bietet ein Fachgeschäft Puma-Turnschuhe an.

Die Preis- und Angebotsdifferenzierung lässt sich mit den Worten Quersubvention und Abschöpfung erklären: Mit den Einnahmen aus den überhöhten Preisen für langlebige Konsumgüter kann der Staat Grundbedarfsgüter subventionieren und so unter dem Herstellungspreis an die Bevölkerung abgeben. Das betrifft beispielsweise die auf Bezugsscheine (*libreta*) an die Bevölkerung abgegebenen Lebensmittel wie Brot, Mehl und Zucker und auch einen Teil der Konsumgüter der Peso-Läden. Zugleich kann der Staat über das System aber auch die im Umlauf befindlichen Devisen abschöpfen und dann für ganz andere Zwecke verwenden. Wie auch immer, der Staat hat Vorteile aus dem System, und für die Bevölkerung bleibt der Versorgungsmangel. *(Elmar Kulke)*

Kommunikation mit Handy und Internet – Begeisterung und Beschränkungen

„Neue" Freiheiten und eine Verbesserung der persönlichen Lage erhofften sich viele Kubaner mit dem Amtsantritt von Raúl Castro als Staatspräsident im Februar 2008. Nicht nur, dass er das Volk zum konstruktiven Mitreden und zur sachlichen Kritik aufforderte, nein, es passierte tatsächlich etwas, was vielen bis dahin vorenthalten blieb: Telekommunikation für alle!

Kurz nachdem der Verkauf von Mobiltelefonen im Sommer 2008 für Kubaner möglich wurde, bildeten sich überall im Land lange Warteschlangen vor den Läden der staatlichen Telefongesellschaft ETECSA (Empresa de Telecomunicaciones de Cuba). Bis dahin war es ausschließlich Ausländern und hochrangigen Regierungs- oder Unternehmensmitarbeitern gestattet, mobil zu telefonieren. Bis heute hat längst nicht jeder einen Telefonanschluss zuhause. Selbst Ärzte, die einige Privilegien genießen, warten oft vergeblich viele Jahre auf ein Festnetztelefon. Die erfinderische Art der Kubaner löst aber selbst dieses Problem. So ist man zum Beispiel gegen einen monatlichen Obolus über ein verlängertes Telefonkabel unter derselben Nummer wie sein

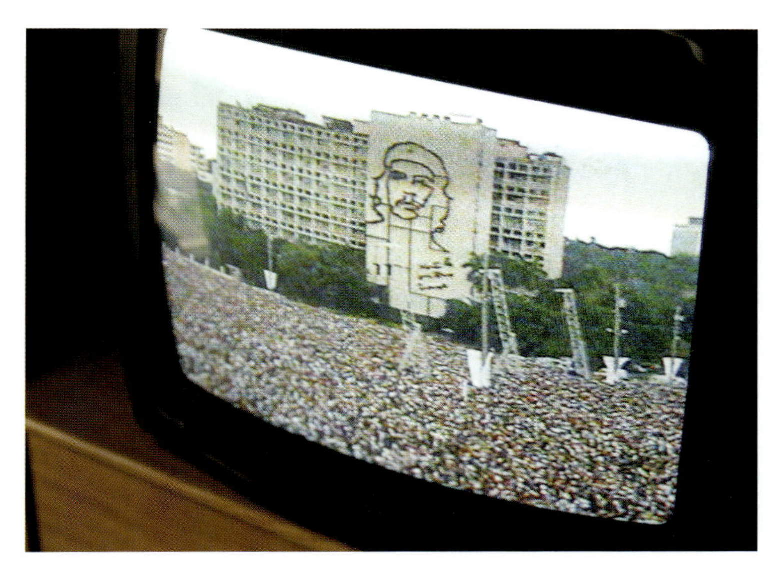

Staatliches Fernsehen mit der Übertragung eines Rockkonzertes

Mobiltelefone auf Kuba: praktisches Vergnügen – für wenige

Will man die erste eigene Nummer eröffnen, bezahlt man 120 CUC für die Aktivierung der SIM-Karte. Eröffnet man eine zweite Mobilnummer unter seinem Namen, muss man auch das Handy beim staatlichen Monopolisten ETECSA kaufen, sodass schnell – je nach Handymodell – 200 CUC oder mehr für Telefon und Kartenaktivierung an der Kasse fällig werden. Anders als in Europa bezahlen Besitzer einer kubanischen Mobilfunkkarte nicht nur für abgehende, sondern auch für ankommende Gespräche. Für inländische Gespräche von Handy zu Handy betragen die Gebühren 50 CUC-Cent, vom Handy zum Festnetz 60 CUC-Cent, und für ankommende Anrufe werden 44 CUC-Cent fällig. Bei einem kubanischen Durchschnittslohn von umgerechnet weniger als 20 Euro können sich viele Kubaner ein Mobiltelefon nur mit der finanziellen Hilfe von der Familie im Ausland oder gar nicht leisten.

Ein seltener Anblick – Kubanerin mit Mobiltelefon

Nachbar erreichbar, oder – wenn dies nicht geht – rufen Freunde und Bekannte gleich in der Nachbarschaft an. Mit einem eigenen Mobiltelefon muss man das nicht mehr. Allerdings sind die Kosten für die Handynummer und Gespräche selbst aus europäischer Perspektive hoch – und natürlich muss in CUC bezahlt werden. Außerdem handelt es sich dabei um Prepaid-Verträge, deren Guthaben mit Wertkarten über zehn oder 20 CUC regelmäßig aufgeladen werden müssen, soll es innerhalb einer Frist nicht verfallen.

Dass mit den Mobiltelefonen auch der Kontakt zur Familie und zu Freunden im Ausland anwuchs, bemerkte auch die Staatsführung rasch. Kostete eine SMS – egal ob national oder international verschickt – zu Beginn noch 16 CUC-Cent, erhöhten sich die Kosten für Kurznachrichten ins Ausland schnell auf einen CUC. Für den Staat ist die Erlaubnis der Handynutzung genauso wie die Freigabe der Hotels auf der Insel für Kubaner eine ausgezeichnete Möglichkeit, Devisen abzuschöpfen und die knappe Staatskasse aufzufüllen. Für diejenigen, die es sich leisten können, sind das durchaus neue „Freiheiten" und Annehmlichkeiten. Die Mehrheit der Bevölkerung kann es jedoch nicht.

Seit dem Sommer 2008 können Kubaner auch Computer in den staatlichen Elektroläden erwerben. Der Verkauf von bestimmten Elektrogeräten war 2003 mit Verweis auf die Stromknappheit in Kuba beschränkt worden. Die Preise für PCs und Computerzubehör in den CUC-Läden sind um ein Vielfaches höher als in deutschen Fachmärkten. Die Mehrwertsteuer beträgt je nach Produkt entweder hundert Prozent – so kostet ein normal ausgestatteter PC ab 700 CUC – oder bis zu 240 Prozent für Lebensmittel in den CUC-Supermärkten. Zugang zum Internet über eine Modemverbindung von zuhause hat aber längst nicht jeder. Vorbehalten ist dies nur einigen Berufsgruppen, wie Universitätsprofessoren, Ärzten oder dem Leitungspersonal von Unternehmen. Über Infomed, ein Netzwerk des kubanischen Gesundheitswesens, können Ärzte, wenn sie einen Telefonanschluss und einen privaten Computer besitzen, auch von zuhause ihre E-Mails beantworten oder kuba-

Gedränge an einer Filiale von Cubacel

nische Internetseiten aufrufen. Auch die Studenten und Universitätsprofessoren besitzen eigene E-Mail-Adressen und haben in den Universitäten und Fachhochschulen Zugang zum Internet, teilweise auch ohne Beschränkungen von Seiten. Und mittlerweile wird auch die Kommunikation in den kubanischen Betrieben elektronisch abgewickelt. Die Einführung von E-Mail und Internet hat in Kuba dazu geführt, dass sich ein reges Geschäftsfeld mit dem Handel von E-Mail-Adressen entwickelte. So kommt es nicht selten vor, dass Netzwerkadministratoren und Besitzer einer E-Mail ihre Zugangsdaten gegen einen monatlichen Preis zwischen 15 und 25 CUC an interessierte Privatnutzer weitergeben. Dieser Handel ist für viele eine ausgezeichnete Gelegenheit, den Peso-Monatslohn mit Devisen aufzubessern.

Wenn man sich als ausländischer Besucher im Hotel eine Guthabenkarte zur Nutzung des Internet-PCs gekauft hat, kann man während des Seitenaufbaus mit Genuss und in Ruhe seinen Mojito oder Daiquiri trinken. Kuba ist an das weltweite Netz nur mangelhaft angeschlossen; es existieren derzeit Pläne, ein Seekabel von Venezuela nach Kuba zu verlegen, um die Kapazität zu erhöhen. Ärgerlich ist nur, wenn der Seitenaufbau immer wieder stoppt und abbricht: Dann ist das Zeitguthaben aufgebraucht, und die Urlaubsgrüße an die Familie zuhause hat man unter Umständen noch gar nicht versenden können. *(Daniel Krüger)*

Autos in Kuba – wer darf eines besitzen und was sagt uns die Farbe des Kennzeichens?

Zu den am häufigsten fotografierten Motiven in Kuba gehören die amerikanischen Oldtimer aus den 1950er Jahren. Gerade in Kombination mit den historischen Stadtkulissen oder Palmen und Strand bilden sie ein weltweit bekanntes Markenzeichen Kubas. Oldtimerfans sind zuerst begeistert, beim näheren Nachsehen aber zugleich überrascht. Denn bei diesen Wagen handelt es sich meist nicht um gepflegte Liebhaberstücke im Originalzustand, sondern um Gebrauchsgegenstände für den Alltag, die man irgendwie am Laufen hält. Denn für die meisten Kubaner stellen die vor 1958 gebauten Karossen die einzige Möglichkeit dar, ein Auto zu bekommen. Deshalb pocht statt einem amerikanischen Achtzylinder oftmals ein Lada-Motor unter der Haube, die Räder tragen andere Reifengrößen als die heute nicht mehr üblichen Dimensionen, und teilweise ersetzen Lkw-Blattfedern die Stoßdämpfer an der Hinterachse.

Im Sozialismus sind alle Menschen gleich, nur eben manche gleicher als andere; das gilt auch für die Nutzung von Fahrzeugen. Natürlich benötigt man auch in Kuba, wie auf der ganzen Welt, einen Führerschein, um ein

Chevrolet Impala

Auto fahren zu dürfen. Aber um ein Privatauto zu besitzen, kann man nur entweder ein vor 1958 gebautes Auto frei kaufen, oder man erhält eine *circulacion*, also die Erlaubnis, ein Privatauto zu nutzen. Diese werden über die Betriebe und Behörden an verdiente Mitarbeiter – abhängig von Funktion und Alter – vergeben. In den 1980er Jahren, als Kuba einen relativen Wohlstand besaß, wurden mehr dieser „Autobesitzerlaubnisse" verteilt und Neuwagen aus Osteuropa verkauft. Das drückt sich in der neben den amerikanischen Oldtimern relativ großen Zahl von Lada, Polski-Fiat und Moskvich auf den Straßen aus. In der Sonderperiode erhielten nur erfolgreiche Sportler und Musikstars eine Erlaubnis und ein Auto, dann aber eine Nobelkutsche der Marken Alfa Romeo, Audi oder Mercedes – sonst wurden keine *circulaciones* verteilt. Neuerdings gibt es wieder welche, zum Beispiel für hochrangige Beamte oder Professoren, die dann einen importierten Gebrauchtwagen für 4000 bis 8000 CUC erwerben können. Die Zahl dieser sechs bis zehn Jahre alten Fahrzeuge, die der Staat im Ausland kauft, ist allerdings begrenzt. Das liegt schon an den hohen Kosten, denn die Preise beginnen bei dem Zweihundertfachen eines durchschnittlichen Monatsgehaltes. Die Versicherung ist dann nicht so teuer, aber für einen Liter Benzin fallen Kosten von über einem CUC an.

Oldtimer vor dem Hotel „Inglaterra" in Havanna

Gepflegter Oldtimer

Reparaturbedarf

Kleines Einmaleins der kubanischen Fahrzeugkennzeichen

Alle Privatwagen erkennt man in Kuba an den gelben Fahrzeugkennzeichen. Häufiger sind aber Autos mit anderen Kennzeichen unterwegs. Blaue Kennzeichen tragen die Fahrzeuge der staatlichen Betriebe, braune die von Behörden, grüne die vom Innenministerium oder Militär, rot-orange die von Ausländern mit Aufenthaltserlaubnis und schwarze die von Diplomaten. Immer häufiger sieht man ziemlich neue und komfortable Autos mit rotbraunen Kennzeichen. Das sind Mietwagen, die vor allem von ausländischen Touristen bei ihren Rundreisen durch Kuba genutzt werden.

Um auf den Fernstrecken die staatlichen Fahrzeuge auch ordentlich auszulasten, stehen unter den Brücken und an Kreuzungen gelb gekleidete Personen. Diese Amtspersonen funktionieren wie eine Art Mitfahrzentrale: Sie halten die Autos mit blauen und braunen Kennzeichen an und setzen die wartenden Reisenden auf die noch freien Plätze. Manchmal hat man den Eindruck, als wären mehr gelb uniformierte „Platzanweiser“ an den Straßen tätig, als Fahrzeuge unterwegs sind. *(Elmar Kulke)*

Personentransportsysteme – *camello* oder Kutsche?

Öffentlicher Personenfernverkehr und Personennahverkehr sind eine wirkliche Herausforderung in Kuba. Besuchern, die nicht mit Mietwagen oder Touristenbus fahren, erschließt sich bei der Benutzung öffentlicher Verkehrsmittel eine völlig neue Welt von fehlenden Verbindungen, Verspätungen und einem besonderen Fahrerlebnis. Für die einheimische Bevölkerung ist die staatlich organisierte Personenbeförderung ein ständiger Quell der Ärgernisse, aber die meisten Kubaner sind darauf angewiesen, gibt es doch nur ganz wenig Alternativen mit privaten Verkehrsmitteln.

Im Fernverkehr werden die großen Städte mit dem staatlichen System der ASTRO-Busse verbunden; die sind komfortabel, fahren pünktlich, und jeder erhält einen reservierten Sitzplatz. Aber eine Fahrt zwischen Havanna und Camagüey kostet leicht ein Drittel eines kubanischen Monatslohnes. Und nur eine begrenzte Zahl von Städten, überwiegend an der zentralen Verkehrsachse Kubas, der „Carretera Central“, wird angefahren; Querverbindungen fehlen weitgehend. Kubaner müssen deshalb auf andere Verkehrsmittel

Autobahnbetrieb an einem normalen Wochentag

Fernverkehr auf einem offenen Lkw

Privater Lkw für Personentransporte

Reisen per Anhalter

Um weitere Entfernungen zu überwinden, ist in Kuba auch das Anhalterwesen sehr beliebt. Überall im Land stehen unter den Brücken im Schatten Reisende, die mit Geldscheinen wedeln. Damit hoffen sie die Lenker von Privatwagen oder auch von Unternehmensfahrzeugen zur Mitnahme zu bewegen. Und bei gutem Kontakt zu den „amarillos", wie die staatlichen Vermittler von Mitfahrgelegenheiten wegen ihrer gelben Uniform auch genannt werden, können diese vielleicht einen Platz in einem Behördenfahrzeug organisieren. Auf jeden Fall ist eine solche über weitere Entfernungen gehende Reise sehr zeitaufwendig, Wartezeiten können viele Stunden dauern und Ankunftszeiten sind völlig unkalkulierbar.

Camello

ausweichen. Relativ dicht ist noch das Netz von Regionalverbindungen. Diese werden überwiegend von Lastwagen bedient, auf deren Ladefläche die Passagiere stehen; da kann es sehr heiß, sehr feucht und sehr eng werden. Viele Lkws sind in Privatbesitz, und die Eigentümer nutzen sie für „Arbeit auf eigene Rechnung"; die Preise für die Fahrtstrecken stehen meist auf Tafeln am Heck der Fahrzeuge.

Kutsche und Lkw des Regionalverkehrs

Kutschen in einer Großwohnsiedlung in Cienfuegos

Im Nahverkehr gibt es ebenfalls eine Kombination aus öffentlichem und privatem Transport. Havanna verfügt über ein funktionierendes System aus Bussen, die in relativ häufigen Frequenzen und zu niedrigen Preisen die Vororte an das Zentrum anbinden. Allerdings reichen die Kapazitäten nicht immer, was sich in langen Schlangen an Wartestellen und in dichtem Gedränge im Bus ausdrückt. Bis vor kurzem diente dort auch eine kubanische Eigenkonstruktion, das *camello*, für den Transport. Dabei handelt es sich um einen Sattelschlepper, auf dessen Auflieger eine Aluminium-Karosserie aufgebaut wurde. Die Fahrzeuge besitzen eine ganz auffällige Erscheinung – wie die Höcker eines Kamels –, bieten aber nur begrenzten Komfort. Jetzt sind diese Fahrzeuge in den Provinzhauptstädten im Einsatz. In den Städten außerhalb Havannas ist der öffentliche Verkehr wesentlich lückenhafter. Das Straßenbild prägen dort kleine von Maultieren oder Pferden gezogene Karren oder Kutschen. Auf den Wagen sind längs zur Fahrtrichtung Bänke aufgebaut und manchmal haben sie sogar ein Dach. Fahrgäste können überall zu- und aussteigen, bezahlt wird in Pesos an den Kutscher, der meist der Eigentümer des Fahrzeuges ist und seine Dienste auf eigene Rechnung anbietet.

(Elmar Kulke)

Medico de la familia – vorbildliche Grundversorgung als Beispiel für die ganze Welt!

Nähert man sich auf einer Fahrt durch Kuba einer Siedlung, sticht ein bauliches Merkmal besonders ins Auge: Sämtliche Häuser sind eingeschossig, nur ein einziges Gebäude überragt alle anderen – es hat zwei Stockwerke. Welches Gebäude hat eine solche Hervorhebung verdient, die in anderen Städten nur den Wolkenkratzern berühmter Architekten zusteht? Es handelt sich um das Gebäude, dessen Bewohner sich um das wichtigste Gut eines jeden Menschen kümmert: die Gesundheit.

Die Sicherung der Gesundheit für alle verdanken die Kubaner der Revolution. Vor Castros und Guevaras Erfolg war medizinische Versorgung für die einfache Bevölkerung nur wirtschaftlich begründet: Sie diente einzig und allein dazu, die Leistungsfähigkeit der Arbeitskräfte auf den Zuckerrohrfeldern zu erhalten. Im Jahr 1958 lag die durchschnittliche Lebenserwartung bei nur 59 Jahren, zudem gab es ein starkes Stadt-Land-Gefälle. Die meisten praktizierenden Ärzte ließen sich in Havanna und Santiago de Cuba nieder, um mit der Behandlung reicher Leute hohe Einkommen zu erzielen. Kaum jemand kümmerte sich um die ländliche Bevölkerung, die unter schlechten hygienischen Bedingungen lebte und großer Seuchen- und Krankheitsgefahr ausgesetzt war; viele Kinder starben bei der Geburt, weil kein Arzt rechtzeitig zur Stelle war.

Diese menschenunwürdige Lage wollten die Kommunisten nicht dulden, ihrer Ideologie folgend sollte jeder Mensch gleichermaßen ein Recht auf medizinische Versorgung haben. Sie startete zum großen Glück der armen und der ländlichen Bevölkerung Kubas die Wende. Das neue Regime plante eine Entwicklung in vier Phasen. Die Grundidee war, ein flächendeckendes, einheitliches, staatliches Gesundheitssystem aufzubauen.

Gesundheit rund um die Uhr

In Deutschland beschweren sich viele Mediziner über ihre langen Arbeitszeiten. In Kuba ist das anders: Die Familienärzte, *medicos de la familia*, wohnen sogar – und dafür ist der zweite Stock des Hauses vorgesehen – über ihrer Praxis, damit sie für ihre Patienten rund um die Uhr erreichbar sind. Jeder kann sich vorstellen, dass es sich bei dem Job um eine Leidenschaft der Mediziner handeln muss. Doch nicht nur der 24-Stunden-Service zeichnet die medizinische Versorgung aus. Es gibt auch sehr viele Ärzte pro Einwohner, nämlich einen für 500 bis 700 Einwohner – fast doppelt so viele wie in Deutschland! Obwohl Kuba zu den Entwicklungsländern zählt, glänzt es mit seiner medizinischen Versorgung.

Haus eines Familienarztes

Dienststelle des kubanischen Roten Kreuzes

In der ersten Phase von 1959 bis 1962 wurden zahlreiche zusätzliche Ärzte ausgebildet und erhielten Schulungen, um die Qualität ihrer Kenntnisse zu verbessern. In den Städten entstanden neue Krankenhäuser mit moderner Ausstattung. Um das Stadt-Land-Gefälle auszugleichen, richtete man ländliche Arztstützpunkte ein. Gegen verschiedene Infektionskrankheiten führte der Staat präventive Impfkampagnen durch, und für alle Schüler wurde Unterricht in Gesundheitserziehung eingeführt. In der Phase zwei (1963 bis1969) erfolgte ein weiterer Ausbau der Leistungen, durch welche eine Versorgung für alle Bevölkerungsschichten gewährleistet werden sollte. Krankheiten wurden gezielt bekämpft, besonders Malaria, Tuberkulose und Diphtherie. In der dritten Phase von 1970 bis 1983 konnte die Säuglingssterblichkeit von 46,7 pro tausend Lebendgeburten im Jahr 1969 auf heute 5,82 gesenkt werden. Das sind weniger als in den USA (6,26)! Ein umfassender Gesundheitsschutz wurde aufgebaut. Dieser umfasst ein hierarchisches System von Versorgungseinrichtungen in den zentralen Orten. In den Provinzhauptstädten befinden sich Schwerpunktkrankenhäuser mit Spezialabteilungen, die übrigen größeren Städte verfügen über Gemeindekrankenhäuser mit verschiedenen Fachabteilungen, in welchen Patienten stationär behandelt werden. Lokale Zentren sind mit Polikliniken ausgestattet; in diesen sind Fachärzte verschiedener Disziplinen tätig. Schließlich wurde in der vierten Phase seit 1985 dieses System durch die Familienärzte (*medico de la familia*) ergänzt, welche die lokale Versorgung sicherstellen.

Zu den Aufgaben dieser Mediziner gehören neben Sprechstunden am Vormittag auch regelmäßige Hausbesuche – meist am Nachmittag. Der Arzt

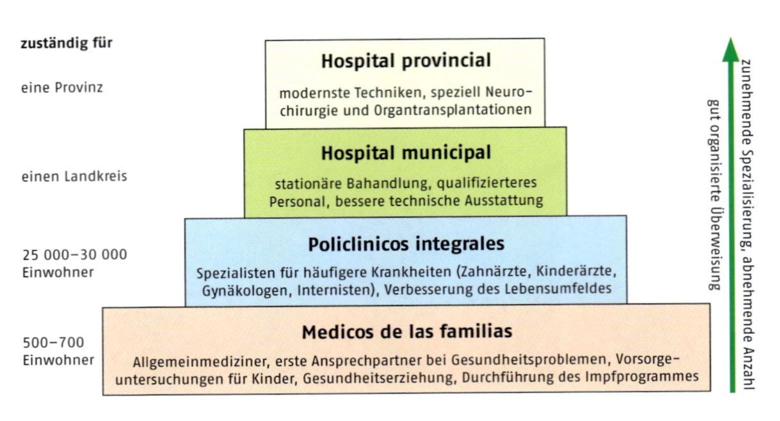

Schema der Gesundheitsversorgung in Kuba (nach Dathe 1985 und Fierek 2005)

besucht nicht nur Kranke, sondern regelmäßig auch alle Familien. Folglich hat er die Möglichkeit zu kontrollieren, ob sie sich gesund ernähren und unter welchen Umständen die Familien leben. Auf diese Weise entsteht ein enges Verhältnis zwischen dem Arzt und seinen Patienten, sodass er bei Problemen oft konsultiert wird und soziale Arbeit oder auch psychologische Betreuung leistet. Für diejenigen, die weiter entfernt leben und arbeiten, bietet der Mediziner Sonntagssprechstunden an – seine Arbeit ist im wahrsten Sinn des Wortes ein „Fulltimejob".

Dank der Maßnahmen konnte langfristig die Gesundheit der Bevölkerung entscheidend verbessert werden; heute zählt Kuba im internationalen Vergleich zu den bestversorgten Ländern. Trotzdem gibt es in der medizinischen Versorgung derzeit Probleme. Viele Kubaner leiden an Übergewicht, weil sie sich falsch ernähren. Zwar werden im kommunistischen System zuckerhaltige Nahrungsmittel billig verkauft – Zuckerrohr wird hier schließlich angebaut –, dagegen fehlen aber oft Vitamine – Gemüse ist nicht immer verfügbar.

Der kostenlose Gesundheitsschutz für alle belastet die Staatskasse enorm. Um das teure System zu finanzieren, werden die gut qualifizierten Ärzte an das Ausland vermietet. An sich bringt das für alle Beteiligten Vorteile: Die Mediziner werden in anderen Ländern besser bezahlt, und der kubanische Staat bekommt viel Geld für die Arbeitskräfte. Allerdings fehlen die Ärzte als Folge des Exports oft im ländlichen Raum.

Wissensexport – ausländische Praktikantinnen bei einem Familienarzt

Gesundheitsindikatoren Kubas im internationalen Vergleich (Stand 2008)

	Kindersterblichkeit pro 1000 Lebendgeburten	Ärzte pro 1000 Einwohner	Lebenserwartung in Jahren
Deutschland	3,99	3,73	79
UK	4,85	1,82	79
USA	6,26	5,60	78
Argentinien	11,44	2,69	77
Brasilien	22,58	2,43	72
Jamaika	15,22	0,18	74
Venezuela	21,54	1,96	74
Kuba	5,82	6,12	77

Quelle: CIA World Factbook 2009

Außerdem benötigt Kuba aufgrund des Mangels an Medikamenten, Geräten und Hygieneartikeln Hilfe aus dem Ausland. Probleme mit der Energieversorgung entstehen durch das instabile Stromnetz. Bei einem stationären Aufenthalt muss die Familie für die Verpflegung sorgen. Und durch die verschiedenen Währungen entsteht eine Zweiklassenmedizin: Wer ausschließlich Pesos hat, erhält nur die Grundversorgung Medikamente müssen in CUC bezahlt werden. *(Louisa Kulke)*

Escuela primaria – Ausbildung für alle

Wem fallen sie beim Rundgang durch Kubas Städte und Dörfer nicht auf: die Kinder in ihren verschiedenen bunten Schuluniformen. Die Schulkinder der Grundschule (*escuela primaria*) tragen je nach Geschlecht eine bordeauxrote Hose oder einen Rock, dazu ein weißes Hemd oder eine Bluse und das Halstuch. Das mehrstufige Bildungssystem Kubas beginnt mit der Vorschule, hier lernen die Kinder im letzten Jahr im Kindergarten die Farben und geometrische Formen kennen und beginnen mit dem Zählen. Der Schulbesuch in Kuba ist von der ersten bis zur neunten Klasse Pflicht. Genauso wie in Deutschland beginnen die Kinder im Alter von sechs Jahren mit der ersten Klasse, die Grundschule dauert bis zur sechsten Klasse. Die Bildung war ein besonderes Anliegen der kubanischen Revolution. Jedes Kind hat seitdem Zugang zur Bildung, unabhängig von seiner sozialen Herkunft.

Escuela primaria – eine Grundschule

Bis heute gibt es selbst in den entferntesten Bergdörfern der Sierra Maestra eine Grundschule, in der jedes Kind Lesen, Schreiben und Rechnen lernt. In den Städten ist das Grundschulnetz sehr dicht, sodass die Eltern ihre Kinder morgens zur Schule bringen. Bepackt mit großen bunten Rucksäcken versammeln sie sich zu Beginn des Schultages zum Fahnenappell, einem Akt, der schon die Kleinsten mit den ideologischen Werten der Revolution konfrontiert. Der Unterricht beginnt um acht Uhr und endet pünktlich um 16 Uhr 20 in allen *escuelas primarias* Kubas.

Der Unterricht an den Schulen ist seit einigen Jahren multimedial. Neben dem klassischen Frontalunterricht wird den Kindern und Jugendlichen ein Teil des Unterrichtsstoffes auch in speziellen pädagogischen Fernsehsendungen vermittelt. In Grundschulen, die sich in schwer zugänglichen Tälern oder in Bergregionen befinden, kommt dabei seit einigen Jahren modernste Technik zum Einsatz. Solarmodule auf den Dächern versorgen Fernsehapparat und Videorekorder mit elektrischem Strom. Dieser multimediale Unterricht ist jedoch weniger eine Form des modernen Unterrichts, sondern vielmehr eine Reaktion Kubas auf den zunehmenden Lehrermangel. Zwei Gründe sind dafür verantwortlich: die geringen Einkommen im Vergleich zu anderen Tätigkeiten und die intensiven Beziehungen zwischen Kuba und Venezuela. Genauso wie viele Mediziner gaben auch Lehrer ihre Arbeit auf, um im Tourismus oder als Taxifahrer Devisen zu verdienen. Die engen Wirtschaftsbeziehungen Kubas mit Venezuela führten dazu, dass Kuba für die Rohstoffimporte aus Venezuela Mediziner und Lehrer dorthin schickt.

Während ihrer meist zweijährigen Mission leben und arbeiten Kubas Lehrer meist in den ländlichen Regionen Venezuelas.

Kuba begegnet dem Lehrermangel im eigenen Land pragmatisch. Neben dem Unterricht via Fernseher werden Lehramtsstudenten in ihren Praxissemestern in die Schulen geschickt und müssen dort ihre erste Bewährung im Schulalltag bestehen. Außerdem bildet Kuba sogenannte *maestros emergentes* (Aushilfslehrer) aus, um den Kollaps im Bildungssystem zu vermeiden. Junge Gymnasiasten, die sich in der Jahrgangsstufe elf für den Beruf des Aushilfslehrers entscheiden, erwerben innerhalb von sechs Monaten ihr Abitur, durchlaufen in zwei Jahren die Universität, werden vom anschließenden Militärdienst freigestellt und unterrichten in den Grund- und Sekundarschulen Kubas die Kinder in den unterschiedlichsten Fächern. Dennoch können sich die Erfolge Kubas in der Vergangenheit im Vergleich mit anderen Ländern Lateinamerikas sehen lassen: Seit Jahrzehnten ist die Analphabetenrate mit 0,2 Prozent mit denen der Industrieländer vergleichbar; vor 1959 konnten noch 23 Prozent der Kubaner weder Lesen noch Schreiben.

Zwei kubanische Grundschülerinnen in der Schulpause

Nach der *escuela primaria* schließt sich die Sekundarschule (*secundaria*) an, die bis zur neunten Klasse andauert. Mit dem Schulwechsel gehen die Kinder nicht nur in eine andere Schule, sondern auch die Farben der Uniform

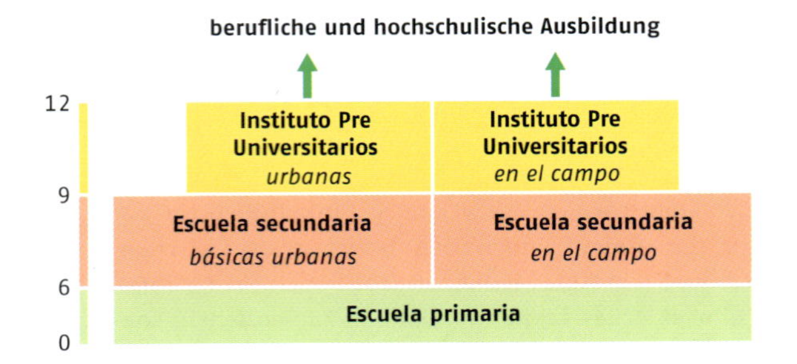

Stufen des kubanischen Bildungssystems

ändern sich. Das Halstuch der jungen Pioniere wird abgelegt, und die Hosen und Röcke sind nicht mehr bordeauxrot, sondern gelb. Nach Beendigung der Sekundarschule gibt es für die Jugendlichen zwei Möglichkeiten: Entweder schließt sich der Besuch des Gymnasiums (*preuniversitario*) oder eine Berufsausbildung (*técnico*) an. Für die meisten Jugendlichen beginnt damit auch der Abschied vom Alltag im Elternhaus und das Leben unter Jugendlichen im Internat. *(Daniel Krüger)*

Escuela en el campo – Lernen, Arbeiten und politische Bildung

Wer in Kuba unterwegs ist, wundert sich, wenn inmitten landwirtschaftlicher Anbauflächen oder Zitrusplantagen riesige zwei- bis dreigeschossige monotone Gebäudekomplexe auftauchen, die Platz für mehrere hundert Menschen bieten. Die Landoberschulen (*escuela en el campo* oder *preuniversitario*) sind Gymnasien, die in den 1970er Jahren entstanden sind. Bis zum Abitur lernen, arbeiten und wohnen die 15- bis 18-Jährigen außerhalb ihres Elternhauses und dem Einfluss der Eltern in diesen Landschulen mit angeschlossenem Internat.

Die *escuela en el campo* geht zurück auf die Vorstellungen von Che Guevara, die Kubaner zum *hombre nuevo* zu erziehen. In der Verbindung von Bildung und Arbeit soll die junge, heranwachsende Generation zu Mitgliedern der sozialistischen Gesellschaft erzogen, die Unterschiede der Herkunft abgebaut und das soziale Miteinander im Kollektiv gestärkt werden, ohne dass die Eltern einen wesentlichen Einfluss auf die sozialistische, ideologische Erziehung der Kinder haben. Die Wochenenden zuhause bei den Eltern sind kurz, und in den 1970er und 1980er Jahren kamen die Kinder nur jedes zweite Wochenende nach Hause. Die schlechte Versorgungslage mit Lebensmitteln zu Beginn der 1990er Jahre bescherte den Gymnasiasten der *preuniversitarios* bis heute den Genuss schulfreier Wochenenden, die sie bei ihren Eltern verbringen. Kommt man Freitagabend nach Hause und hat man das Wochenende ausgiebig mit den Freunden und in Diskotheken genutzt, steht der Sonntagvormittag ganz im Zeichen der Vorbereitungen für die wöchentliche Fahrt in die *escuela en el campo*. Neben der wenigen Freizeitkleidung, die man in der Schule benötigt, werden genügend Nahrungsvorräte wie Kekse, Mayonnaise oder Konserven in den Taschen verstaut, die sich auch ohne Kühlung über mehrere Tage halten. Die Bahnhöfe zum Beispiel in Havanna, von denen die Schulbusse oder Züge zu den Landoberschulen abfahren, verwandeln sich am Sonntagnachmittag in weiß-blaue Landschaften, die Farben der Schuluniform der *escuela en el campo*.

Escuela en el campo – eine Landoberschule

Schulalltag

Ein typischer Schultag in der *escuela en el campo* sieht folgendermaßen aus: 6:00 Uhr Aufstehen und Frühstücken; 7:30 Uhr Fahnenappell mit aktuellen Tagesnachrichten und Informationen zum Gedenken an nationale Persönlichkeiten; 8:00 Uhr bis 12:30 Uhr Unterricht mit anschließender Mittagspause; 14:00 Uhr bis 16:30 Uhr Arbeitseinsatz in der Landwirtschaft oder im schuleigenen Garten; 18:00 Uhr Abendessen und Reinigen der Klassenzimmer, der Schlafräume und der Bad- und Duschräume; 19:30 Uhr Kontrolle der Sauberkeit durch den diensthabenden Lehrer; 20:00 Uhr Ansehen der nationalen Nachrichtsendung in der Gruppe; von 20:45 Uhr bis 22:00 Uhr Erledigen der Hausaufgaben und Lernen in der Gruppe oder Schuldiskothek an einem Tag in der Woche; ab 22:00 Uhr Nachtruhe. Für einige Schüler beginnt die Nachtruhe später oder wird von der Nachtwache (*guardia*) unterbrochen: Zwei Schüler patrouillieren für jeweils zwei Stunden durch das Schulgebäude und über das Gelände und informieren bei Vorkommnissen den wachhabenden Lehrer.

Im Sommer 2009 kündigte Raúl Castro das Ende der *preuniversitarios* auf dem Land an. Die Überprüfung aller Wirtschafts- und Gesellschaftsbereiche hinsichtlich ihrer Kosten zeigte, dass die Landoberschulen dem Staat zu teuer geworden und in ihrer eigenen Versorgung zu ineffizient sind. Die schlechte Instandhaltung der Gebäude führte auch dazu, dass sich die hygienischen Bedingungen verschlechterten – vom Zustand des Trinkwassers in einigen Schulen ganz zu Schweigen. Schüler neuer Jahrgänge, die die *secundaria* verlassen und mit dem Abitur in der *preuniversitario* beginnen, werden nach und nach in städtischen Gymnasien untergebracht. Viele Eltern und Gymnasiasten werden Raúl Castro diesen Schritt wohl nicht verübeln.

(Daniel Krüger)

Ein kanadischer Schulbus als Geschenk

Vermittlung sozialistischer Werte

Die Verbindung von Lernen und körperlicher Arbeit hat zwei Ziele. Zum einen sollen die Schüler durch den Anbau von Agrarprodukten wie Salat, Obst und Gemüse oder Süßkartoffeln auf den angeschlossenen landwirtschaftlichen Flächen zur Schulversorgung beitragen. Zum anderen sollen die Heranwachsenden durch die Erntehilfe oder den Arbeitseinsatz bei den Bauern in der Umgebung der Schule selbst erfahren, dass nur durch harte Arbeit Werte geschaffen werden und der Schweiß der Bauern genauso viel Wert ist wie die Arbeit eines Universitätsprofessors. Neben der Vermittlung des Schulstoffes haben die *escuelas en el campo* einen ganz klaren politischen Auftrag: Sie erziehen die Heranwachsenden zu Angehörigen des sozialistischen Gesellschaftssystems mit seinen egalitären Werten. Die isolierten Standorte der preuniversitarios in den ländlichen Regionen und die einseitige politische Bildung im Unterricht, während des Fahnenappells oder in den staatlichen Nachrichten unterstützen den Prozess, individuelle Einstellungen und persönliche Erlebnisse der Jugendlichen zurückzudrängen und dem elterlichen Einfluss zu entziehen.

4 Kubas Naturräume

Entdeckerfreuden

Begeistert von den Naturschönheiten Kubas notiert Christoph Kolumbus am 28. Oktober 1492 in sein Bordbuch:

Ich habe keinen schöneren Ort je gesehen. Die beiderseitigen Flussufer waren von blühenden, grünumrankten Bäumen eingesäumt, die ganz anders aussehen als die heimatlichen Bäume. Sie waren von Blumen und Früchten der verschiedensten Art behangen, zwischen denen zahllose, gar kleine Vögel ihr süßes Gezwitscher vernehmen ließen. Es gab da eine Unmenge Palmen, die einer andern Gattung angehörten als jene von Guinea nach Spanien [...] Ich gestehe, beim Anblick dieser blühenden Gärten und grünen Wälder und am Gesang der Vögel eine so innige Freude empfunden zu haben, dass ich es nicht fertigbrachte, mich loszureißen und meinen Weg fortzusetzen. Diese Insel ist wohl die schönste, die Menschenaugen je gesehen, reich an ausgezeichneten Ankerplätzen und tiefen Flüssen. [...] Die Insel hat schöne und hohe Berge, die sich allerdings nicht weithin erstrecken; der restliche Teil der Insel weist Erhebungen auf, die an Sizilien gemahnen [...] Die Indianer wussten zu erzählen, dass auf dieser Insel Goldminen und Perlen zu finden seien ...

Die Freude des Entdeckers war tief empfunden, dem tut auch der Umstand keinen Abbruch, dass Kolumbus die Insel nahe dem indischen Festland vermutete.

Als „Kuba" werden sowohl der gesamte Inselstaat als auch die größte seiner Inseln (Isla de Cuba) bezeichnet. Sie liegen in etwa zwischen dem 20. und 23. Grad nördlicher Breite sowie dem 74. und 84. Grad westlicher Länge, also nur unwesentlich südlich des nördlichen Wendekreises im Bereich der wechselfeuchten Randtropen. Der kubanische Archipel gehört zu den Großen Antillen und befindet sich zwischen dem nördlichen und südlichen Teil des amerikanischen Doppelkontinents. Die Inselgruppe bildet den west-

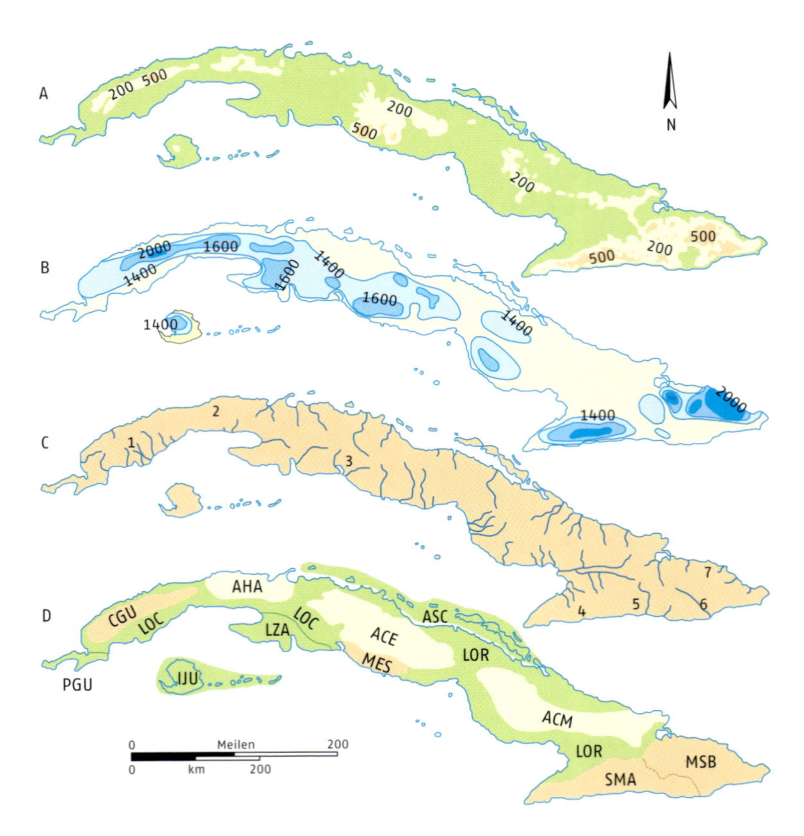

Höhenstufen (A), Niederschläge (B), Städte und sonstige interessante Punkte (C) und Großlandschaften (D) auf Kuba (nach Hedges 1999, S. 216)
(A) Höhenstufen
Messskala in m über NN
(B) Niederschläge im Jahr
Messskala in mm

lichen Teil des Antillenbogens, welcher sich von Venezuela über die Kleinen Antillen bis zur Halbinsel von Yucatán (Mexiko) erstreckt. Neben Kuba (Isla de Cuba), der größten Insel der Antillen, besteht der Archipel aus vier weiteren Inselgruppen – Los Colorados, Sabana-Camagüey, Jardines de la Reina, Los Canarreos – mit annähernd 4200 Inseln, von denen die größte, die Isla

(C) Städte und sonstige interessante Punkte (Auswahl)

Nr.	Name	Besonderheit
1	Valle de Viñales	Weltkulturerbe
2	Cuidad de la Habana	Hauptstadt
3	Cienfuegos	Weltkulturerbe
4	Pico Turquino	Kubas höchste Erhebung
5	Santiago de Cuba	Weltkulturerbe
6	Guantánamo	US-Marinestützpunkt
7	Alexander-von-Humboldt-Nationalpark	Weltnaturerbe

(D) Großlandschaften

Gebirgszüge	Hügelländer	Tiefebenen/Flachländer
CGU Cordillera de Guaniguanico	ACE Alturas de Central	ASC Archipiélago Sabana-Camaguey
MES Macizo del Escambray	ACM Alturas de Camagüey-Maniabón	LOC Llanura Occidental
MSB Macizo de Sagua-Baracoa	AHA Alturas de la Habana-Matanzas	LZA Llanura de Zapata
SMA Sierra Maestra		LOR Llanura Oriental
		PGU Peninsula de Guanahacabibes

de la Juventud (IJU, ehemals Isla de Pinos) eine Fläche von 2200 Quadratkilometern einnimmt, was etwa der zweieinhalbfachen Größe Rügens entspricht. Die restlichen Eilande umgeben die krokodilförmige Insel mit ihren Sandbänken und Riffen an der Nordküsten der Provinz Pinar del Rio (Los Colorados) und von Matanzas bis Camagüey (Sabana-Camagüey) sowie im Süden durch die „Gärten der Königin" (Jardines de la Reina) und Los Canarreos (östlich der Isla de la Juventud). Diese vier Inselketten markieren sowohl die Küstenlinie vor dem nacheiszeitlichen Anstieg des Meeresspiegels als auch die landseitig von ihnen liegenden Binnengewässer. Insgesamt umfasst der Inselverbund knapp 111 000 Quadratkilometer (Land), 95 Prozent der Fläche entfallen auf die Hauptinsel mit einer maximalen Längsausdehnung von etwa 1200 Kilometern vom Kap San Antonio (Provinz Pinar del Río) im Westen bis Punta de Maisi (Provinz Guantánamo) im Osten sowie einer Breite von 30 bis 190 Kilometern. Die Ausdehnung lässt sich mit der Gesamtfläche der neuen deutschen Bundesländer vergleichen. Diese Angaben sind keine Selbstverständlichkeit, bis in die Mitte des 20. Jahrhunderts war die genaue Größe des Archipels nicht bekannt und variierte in der Fachliteratur zwischen 114 000 und 160 000 Quadratkilometern.

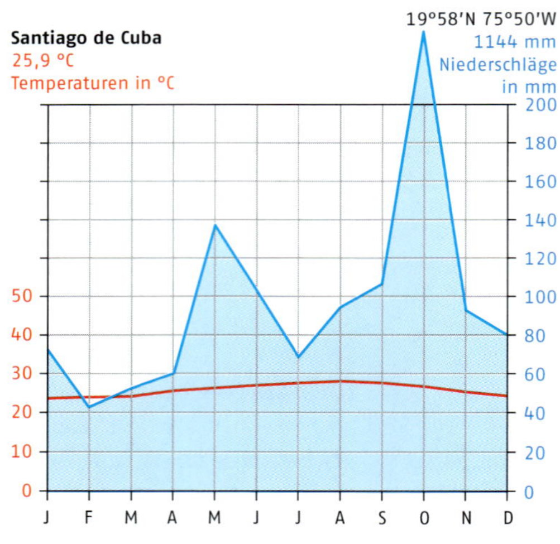

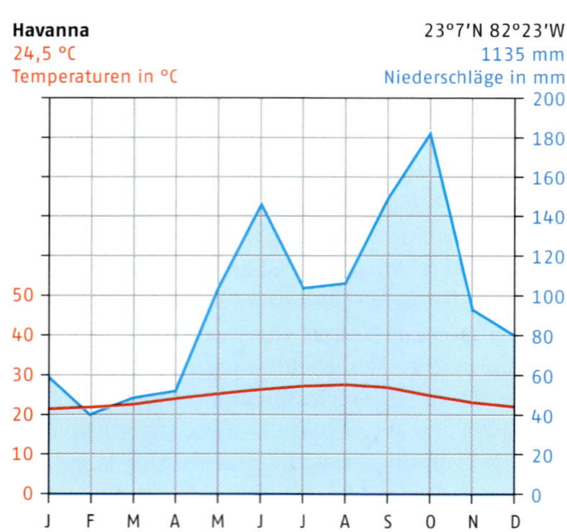

Klimadiagramm von Santiago de Cuba und Havanna

Das Klima der Insel zeichnet sich durch zwei Jahreszeiten aus: In den Wintermonaten von November bis April ist es kühl-trocken, im kubanischen Sommer von Mai bis Oktober feuchtwarm. Das Klima ist weniger durch den Jahresgang der Temperaturen (23 °C im Winter, 27 °C im Sommer) als vielmehr durch den jahreszeitlichen Wechsel der Niederschläge gekennzeichnet. Von Mai bis Oktober fallen bis zu 80 Prozent des durchschnittlichen Gesamtjahresniederschlags von knapp 1400 mm (etwa doppelt so hoch wie in Deutschland). Die Sommerregen sind an die dem Sonnenstand nordwärts vorgeschobene innertropische Konvergenzzone gebunden. In der Regel gibt es zwei Niederschlagsspitzen, eine im Sommer und eine im Herbst, die je nach Lage der Messstation zu unterschiedlichen Zeiten und Intensitäten auftreten. Die Trockenzeit erklärt sich durch die Verlagerung des subtropischen Hochdruckgürtels nach Süden (im Vergleich dazu ist in unseren Breiten die Verlagerung dieses Gürtels nach Norden für hochsommerliche Schönwetterperioden verantwortlich). Diese Wetterfolge ist seit langem als klimatischer Gunstfaktor für den Zuckerrohranbau bekannt. Warme Meeresstraßen und -strömungen (Karibikstrom, Straße von Yucatán und Florida) des Karibischen Meeres gestalten mit den aus Nordost wehenden Passatwinden das Wettergeschehen und ermöglichen im Gegensatz zu manchen kontinentalen Ländern gleicher geographischer Breite relativ angenehme Lebensbedingungen auf der Insel. Bei aller Regelhaftigkeit und ausgleichenden Wirkung des maritimen Tropenklimas lassen sich auch mannigfaltige regionale Besonderheiten beobachten. Der Westteil der Insel verzeichnet unter dem Einfluss kontinentaler Luftmassen aus dem Norden eine größere Schwankungsbreite bei Lufttemperatur und Luftfeuchte. Im Gegensatz dazu sind im Osten, jenseits des Río Cauto, höhere Jahresdurchschnittstemperaturen (bis zu 28 °C in Guantánamo) und Extreme in der Niederschlagsverteilung anzutreffen. Während auf der Luvseite des Massivs von Sagua-Baracoa ganzjährig ergiebige Niederschläge von bis zu 3000 mm fallen, erwarten den Besucher im Regenschatten des Gebirges im Tal von Guantánamo Halbwüstenklimate mit sechs ariden Monaten, einer kakteen- und agavenreichen Dornbuschvegetation sowie Jahresniederschlägen von unter 600 mm. Ursache dieser kleinräumigen Klimavariationen ist das Zusammenspiel von feuchten Luftmassen des Nordostpassats mit Luv- und Lee-Effekten an den dem Wind zugewandten und abgewandten Seiten der Gebirgszüge (Massiv von Sagua-Baracoa, Sierra Maestra).

Trotz der geringen Größe des Landes offenbart das Relief sowohl einen Reichtum an agrarischen (insbesondere Zucker, Tabak, Zitrusfrüchte) und mineralischen (Kobalt, Nickel, Eisenerz, Kupfer, Mangan, Erdöl) Rohstoffen als auch eine vielfältige Landschaft, die von großräumigen Ebenen

Tiefebene – im Süden der Provinz Camagüey (Llanura Oriental, LOR)

Habanilla-Stausee in der Macizo del Escambray (MES)

über Hügelländer bis zu Gebirgsmassiven mit einer Höhe von 2000 Metern reicht.

Zur ersten Grundform der Morphologie gehören Tiefebenen und leicht hügelige Flachländer, die annähernd 70 Prozent der Landoberfläche ausmachen. Neben der unwirtschaftlichen Sumpflandschaft der Halbinsel von Zapata (Ciénaga de Zapata) erstrecken sich weitläufige Ebenen sowohl in Zentralkuba als auch in küstennahen Teilen der Provinzen Camagüey und Las Tunas (Llanura Occidental und Llanura Oriental). Sie bieten optimale Vorraussetzungen sowohl für die siedlungsmäßige, verkehrliche und wirtschaftliche Erschließung als auch für Viehzucht oder Plantagenkulturen (z. B. Zucker, Reis) auf tiefgründigen, fruchtbaren sowie eisenhaltigen Roterden. Das Einzugsgebiet des größten kubanischen Stroms (Rio Cauto, 370 Kilometer Länge) mit seinen Sedimentablagerungen trägt dazu bei, dass auf diesen Flächen Schwemmböden neu entstehen. Neben dem Rio Cuyaguateje (Provinz Pinar del Rio) ist der Rio Cauto einer der wenigen der etwa 200 Flüsse auf Kuba, die das ganze Jahr über Wasser führen, mit Schiffen befahren werden können und nicht ausschließlich von Norden nach Süden oder umgekehrt fließen. Die wenigen natürlichen Seen werden vielerorts durch Stauseen zur Energiegewinnung und Bewässerung ergänzt. Die schmale, langgestreckte Form der Insel (langgezogener Rücken von Hügelländern in der Inselmitte von Südosten nach Nordwesten) und der Karst als besondere Oberflächenformation erklären sowohl die kurzen Laufstrecken der Fließgewässer als auch das Abflussregime: Gut die Hälfte der Flüsse ist kürzer als 20 Kilometer, und in Karstgebieten verschwindet das Wasser meist in unterirdischen Hohlräumen. Eindrucksvolle Karstformen sind in Escaleras de Jaruco in unmittelbarer Umgebung von Havanna, in der Laguna del Tesoro im Süden der Provinz Matanzas sowie insbesondere in den Tälern von Soroa und Viñales (Provinz Pinar del Rio) mit ihren steil aufragenden Kalkfelsen, den sogenannten Mogoten, zu bestaunen.

Die zweite Grundform der Oberflächengestalt bilden Hügelländer entlang der Inselachse als Überbleibsel von überwiegend abgetragenen Faltenstrukturen eines urzeitlichen vulkanischen Inselbogens. Diese geomorphologischen Formen sind früher als die Gebirgsketten des Landes entstanden und erreichen Höhen von maximal 500 Metern. Zu ihnen sind die Erhebungen von Florida, Camagüey, Las Tunas und Villa Clara (Alturas Centrales) sowie die Hügelketten von Camagüey-Maniabón und von Havanna-Matanzas zu zählen. Neben Zuckerrohranbau und Weidewirtschaft in den niedrigeren Lagen dominieren trockene Buschwälder und Baumsavannen mit Kapok oder Palmen.

Von Brüchen und Falten durchzogene Gebirgszüge mit Höhen von 700 bis 2000 Metern verkörpern die dritte charakteristische Oberflächenform; sie entstanden überwiegend durch große Auffaltungsvorgänge im Tertiär

Hügelländer - Alturas de la Habana-Matanzas (AHA)

Gebirgszüge - Macizo del Escambray (MES)

Gebirgszüge – Sierra Maestra (SMA)

vor 60 bis 40 Millionen Jahren und sind in allen Landesteilen anzutreffen. Das mächtigste Gebirge der Insel, die Sierra Maestra, ist überwiegend aus vulkanischen und Sedimentgesteinen des Teritärs (Erdneuzeit) aufgebaut; es erstreckt sich östlich von Santiago de Cuba und beherbergt mit dem Pico Turquino (1972 m) sowie dem Pico Cuba (1870 m) zugleich die höchsten Gipfel. Während die Südseite steil abfällt, eignen sich die leicht geneigten Nordhänge für den Kaffeeanbau. Ebenfalls in Ostkuba befindet sich das Massiv von Sagua-Baracoa, welches durch den Rio Guantánamo und das Valle Central von der Sierra Maestra getrennt wird und das aus sieben zusammenhängenden Bergketten besteht, die Höhen über 1000 Meter erreichen können. Diese Region verzeichnet die höchsten Niederschläge des Landes, da maritime Luftmassen des Nordostpassats hier erstmals auf das Gebirge treffen, gestaut und zum Abregnen gezwungen werden. Das Hauptmassiv des Berglandes von Zentralkuba (Macizo del Escambray), an der Südküste zwischen Cienfuegos und Trinidad, ist überwiegend durch magmatisches Gestein der Jurazeit (Erdmittelalter) charakterisiert, das gelegentlich von Kalksteinaufschlüssen durchzogen wird. Es ist somit älter als die Sierra Maestra und besteht aus einem großen westlichen Teil (Alturas de Trinidad) mit der höchsten Erhebung dieser Region (Pico San Juan, 1140 m) und einem kleinen östlichen Teil (Alturas de Santi Spiritus); dazwischen verläuft das Tal des Rio Agabama. Die höheren Lagen des Gebirgszuges waren einstmals mit üppigen montanen Regenwäldern bewachsen, werden aber zunehmend durch den Kaffeeanbau (*Coffea arabica*) überprägt. Das dritte große Berggebiet bildet die Kordillere von Guaniguanico im Westteil der Insel. Dieses auch als Rückgrat der Provinz von Pinar del Rio bezeichnete Massiv kann weiter in die Sierra de los Organos im Westen und die Sierra del Rosario im Osten gegliedert werden. Erodierte kreidezeitliche Kalksteinformationen (spätes Erdmittelalter), deren Form an einen Heuhaufen oder einen Brotlaib (*pan*) erinnern, und der Tabakanbau haben diese traumhaft schönen Landschaften weltberühmt gemacht. Der Pan de Guajaibón ist mit 699 Metern der höchste der auch als *mogotes* (spanisch für „Hügel") bezeichneten Karstkegel.

Die Küsten Kubas wirken durch die der Hauptinsel vorgelagerten Inselketten und Riffe als doppelte Uferlinie und übernehmen eine Schutzfunktion vor der Meeresbrandung. Die Riffe werden entweder mittels Kalkausscheidungen Kolonien bildender Korallen als Wallriffe errichtet oder sind im Lauf der geologischen Entwicklung zum Bestandteil des Festlandes geworden. Typisch für die fossilen Korallenformen sind die sogenannten Hundezähne (*dientes de perro*), die an Havannas Uferpromenade, dem Malecón, im südlichen Teil der Isla de la Juventud oder an Küstenabschnitten westlich von Trinidad bewundert werden können. Auf der mehr als 5000 Kilometer langen Küstenlinie wechseln sich Sandstrände, Sümpfe, Mangroven- und Felsküsten ab. Entlang der Ufer lassen sich zahlreiche Buchten unterschiedlicher Form und Entstehung beobachten. Hervorzuheben sind die sogenannten Taschenbuchten (*bahia de bolsa*), die hauptsächlich an der Nordküste (z. B. Havanna, Sagua la Grande) wie auch vereinzelt im Süden (Bahia de Cienfuegos) zu finden sind und ausgezeichnete Naturhäfen darstellen. Diese ausgedehnten Becken mit einem oder mehreren Zuflüssen entstanden im Hinterland küstenparallel lagernder Gesteinsschichten, die von tektonischen Kräften gehoben und durch einen kanalartigen Durchbruch mit dem Meer verbunden wurden.

Die Vielfalt der Landschaftsformen ist auf die klimatischen (siehe Klima und Vegetation) und geologischen Bedingungen (siehe Morphologie und Tektonik), auf die Bodenbeschaffenheit mit einer charakteristischen Flora (siehe Palma Real, Flaschenpalme und Kokospalme) und Fauna (siehe Krokodile und Sumpf), auf die Eigenschaften der Insellage in den Randtropen (siehe Sommer am Morgen und Regen am Nachmittag) und nicht zuletzt auf die menschliche Überprägung durch die wirtschaftliche Erschließung des Naturraumes (siehe Strände und Cayos – Verkehrshemmnis und Touristenpotenzial) zurückzuführen. *(Lech Suwala)*

Klima und Vegetation – zwischen Mythos und Realität

Bilder von endlosen weißen Sandstränden mit strahlend blauem Himmel in Reiseprospekten oder Metaphern wie der „grüne Kaiman“ (Gedicht von Nicolás Guillén, 1958) spiegeln nicht so recht die Realität auf der Insel wider: Nur ein kleiner Teil der mehr als 5000 Kilometer langen Küstenlinie entfällt auf Sandstrände, an denen beinahe täglich mit Regengüssen gerechnet werden muss; und zusammenhängende tropische Regen- und Nebelwaldgebiete

Kubas verschwundene Wälder

Der spanische Missionar Bartolomé de las Casas (1474–1566) sagte einst über Kuba, man könne die ganze Insel stets im Schatten der Bäume queren, ohne der direkten Sonne ausgesetzt zu sein. Zu diesem Zeitpunkt war Kuba wahrscheinlich zu etwa 90 Prozent mit Wald bedeckt. Dieser Zustand ist Geschichte, ökonomische Erwägungen veränderten die Vegetation über die Jahrhunderte nachhaltig; die Abholzung für den Schiffbau und das Vordringen von monostrukturierten Plantagenkulturen, besonders Zuckerrohrfelder und Zitrusfrüchte, sowie Grün- und Weideland für die Viehzucht dezimierten die flächendeckenden tropischen Wälder auf Restbestände. Während der Waldanteil an der Landesfläche 1812 noch etwa 80 Prozent betrug, ging die bewaldete Fläche bis 1900 auf 54 Prozent zurück und wurde bis 1959 auf 14 Prozent verringert. Inzwischen haben sich die Waldbestände infolge intensiver Anpflanzungen auf etwa 30 Prozent erhöht.

Sekundärvegetation in der Sierra Maestra

findet man nur noch vereinzelt in Nationalparks, zum Beispiel im Alexander-von-Humboldt-Nationalpark, oder in unzugänglichen Bergregionen des Macizo del Escambray und der Sierra Maestra. Doch warum ist das so?

Die Bandbreite der Ökosysteme auf Kuba ist ausgesprochen vielfältig, sie reicht von marinen Lebensgemeinschaften im Wasser (Korallenriffe, felsige oder sumpfige Seeböden) und an Ufern (Sümpfe, Sand- und Felsküsten, Mangroven) über Halbwüsten, Savannen sowie feuchttropischen Wäldern bis hin zu den besonderen Lebensräumen der Gebirge. Dennoch ist heute der Großteil des Landes durch den Menschen überprägt.

So ist es nicht verwunderlich, dass die Isla de Pinos („Kieferninsel"), die ehemals mit prächtigen Kiefernwäldern bewachsen war, 1976 – wenn auch aus ideologischen Gründen –zur Isla de la Juventud („Insel der Jugend") umbenannt wurde. Heute finden sich dichtere Wälder nur noch in Bergregionen, dabei erreicht der Rodungsgrad unterschiedliche Ausmaße: bis zu 15 Prozent in der Kordillere von Guaniguanico, bis zu 30 Prozent im Macizo del Escambray und annähernd die Hälfte in den Gebirgszügen des Ostens (Sierra Maestra, Massiv von Sagua-Baracoa). In den Ebenen (*llanuras*) und Hügelgebieten (*alturas*) überwiegen trockene Buschwälder und einzelne

Savanne mit Kapokbaum

Savannen mit Palmen oder Kapokbäumen, an einigen Küsten und auf vorgelagerten Inseln sind auch Mangrovenwälder anzutreffen. Die Verteilung der Vegetation unterliegt einem ständigen Wandel.

Als beste Reisezeit für das randtropische Kuba werden die trockeneren und kühleren Winter empfohlen, die mit Durchschnittstemperaturen von 22 bis 25 Grad von November bis April dauern. Diese Wetterbedingungen lassen sich mit dem mitteleuropäischen Hochsommer vergleichen. Im Gegensatz zur feuchtwarmen Regenzeit von Mai bis Oktober mit Durchschnittswerten

Der Fluch des Marabú

Neuerdings ist auf Kuba ein äußerst widerspenstiges Gestrüpp aus Afrika auf dem Vormarsch: der Marabú. Das dornige Buschwerk breitet sich aus wie ein Flächenbrand und hat bereits große Areale überwuchert. Der Grund: Immer mehr Landwirtschaftsflächen werden nur noch extensiv oder überhaupt nicht mehr genutzt; insgesamt ein Drittel der 6,6 Millionen Hektar an nutzbaren Flächen auf Kuba sind inzwischen Brachland, gut die Hälfte davon hat die strauchähnliche Pflanze mit dem botanischen Namen *Dichrostachys cinérea* bereits erobert. Hat das bis zu mehreren Metern hoch wachsende Dornenbuschwerk erst einmal Fuß gefasst, ist ein erneuter Anbau ehemaliger Kulturen kaum noch möglich. Auch für die Viehwirtschaft ist die eingeschleppte Pflanze ein großes Hindernis: Dornen schützen sie vor den Tieren, und dem tiefen Wurzelwerk ist nicht mit Brandrodung, sondern nur mit Spezialgeräten beizukommen.

Auf dem Vormarsch: der Marabú

Klimaextreme auf Kuba

Ausprägung	Werte
kälteste je gemessene Temperatur auf Kuba	0,6 °C, Bainoa (La Habana) am 18.2.1996
wärmste je gemessene Temperatur auf Kuba	38,8 °C, Jucarito (Granma) am 17.4.1999
Jahr mit den durchschnittlich niedrigsten Niederschlägen	1986: 937 mm (Mittelwert Kuba)
Jahr mit den durchschnittlich höchsten Niederschlägen	2007: 1624 mm (Mittelwert Kuba)

Quelle: ONE 2009

von 26 bis 29 Grad fällt in diesen Monaten nur rund ein Fünftel des jährlichen Niederschlags. Aber auch im Winter sind strahlend blaue Himmel und angenehme Temperaturen keineswegs garantiert, wie die Reiseprospekte oft glauben machen wollen. Ungeachtet der kürzeren Tageslängen von elf Stunden im Dezember und 13,5 Stunden im Juni und einer ganzjährig nicht vorhandenen Dämmerung, ist die relative Luftfeuchtigkeit mit 77 Prozent in den beiden Jahreszeiten vergleichbar und variiert weitaus stärker zwischen Tag (65 bis 70 Prozent) und Nacht (80 bis 90 Prozent). Trockenzeit bedeutet keine Niederschlagsfreiheit, sondern dass die potenzielle Verdunstung höher ist als die Summe der Niederschläge. Der Himmel ist im Winter sogar häufiger bedeckt als im Sommer, was sich in der täglichen Sonnenscheindauer niederschlägt. Zudem muss man sich insbesondere im Westen der Insel auf regenbringende Kaltlufteinbrüche (*frentes frios*) mit kühlen Winden aus nordöstlichen Richtungen einstellen, die die Tagestemperaturen gelegentlich unter zehn Grad fallen lassen können. Der Besucher sollte also immer auf Überraschungen eingestellt sein. Den entscheidenden Nachteil in den Sommermonaten stellen die tropischen Wirbelstürme in Form von Hurrikanen dar. *(Lech Suwala)*

Sonne am Morgen und Regen am Nachmittag – der typische Witterungsverlauf eines Tages

Als Reisender auf Kuba sollte man stets einen Regenschirm oder sonstigen Regenschutz zur Hand haben, besonders in den Sommermonaten. Auch wenn der Himmelsblick am Morgen oder Vormittag nichts Böses erahnen lässt, ist ein Nachmittagsschauer regelmäßig einzuplanen. Wie kommt dieser Rhythmus zustande?

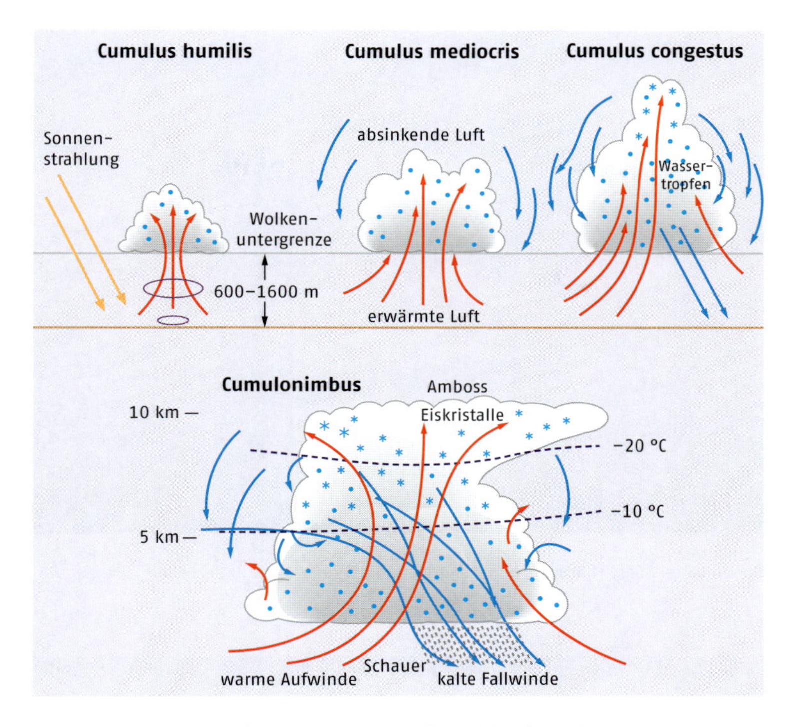

Entwicklung von Konvektionswolken (nach Malberg 2006 S. 101)

Für die Entstehung von für die Flachländer und Ebenen Kubas typischen Wärmegewittern sind drei Faktoren entscheidend: erstens der Temperaturunterschied zwischen den bodennahen und den Luftschichten in fünf bis zwölf Kilometern Höhe; zweitens eine mit genügend Feuchtigkeit angereicherte Luftmasse; und drittens eine starke Sonneneinstrahlung, die Land-, Wald- und Wasserflächen unterschiedlich stark erwärmt. Diese Bedingungen findet man überwiegend in den Monaten von Mai bis Oktober vor: Der hohe Sonnenstand führt zu einer starken Erwärmung der bodennahen Luftschichten; diese werden vom ganzjährigen Nordostpassat mit der nötigen Feuchte versorgt und steigen auf, da sie wärmer und somit leichter sind als ihre Umgebung. Der Prozess wird auch als Konvektion bezeichnet. Mit zunehmender Höhe kühlt die Luft ab und kann dadurch weniger Feuchtigkeit aufnehmen, das aufsteigende Luftpaket ist in 600 bis 1600 Metern Höhe

Schönwetterwolke (Cumulus humilis) am Lago del Tesoro auf der Halbinsel von Zapata

Cumulus mediocris vor dem Castillo del Morro, Havanna

Cumulonimbus-Wolke(n) über der Provinz Pinar del Rio

feuchtgesättigt und kondensiert. Dieser Moment bildet gleichzeitig die untere Wolkengrenze. Durch die Kondensation wird wiederum Wärme frei, die das Luftpaket weiter zum Aufsteigen zwingt und mehr Wasserdampf kondensieren kann: Es kommt zu einem vertikalen Wachstum der Wolke. Diese Wolkenart (Cumulus humilis) wird als Schönwetterwolke bezeichnet und kann bereits in den späten Vormittagsstunden am Himmel zu sehen sein. Das ist aber noch lange kein Grund, beunruhigt zu sein. Ist die Temperaturschichtung ab einer Höhe von zwei bis drei Kilometern stabil oder der Einfluss des Passatwindes groß genug (hier kommt es sogar zu einer Temperaturzunahme mit der Höhe, also einer Inversion), bildet sich eine obere Wolkengrenze: Das Luftpaket ist jetzt nicht mehr wärmer als die Umgebung und kann somit nicht höher aufsteigen. Das Ergebnis ist eine Haufenwolke (Cumulus mediocris), die in den Mittagstunden Höhen von bis zu zweieinhalb Kilometern erreichen kann, sich aber aufgrund der abnehmenden Konvektion im Lauf des späten Nachmittags auflöst und keinen Regen bringt. Dieses Ereignis ist typisch für die regenarmen Wintermonate auf Kuba; die Sonneneinstrahlung ist zu gering und der Passateinfluss zu hoch, um Haufenwolken mit einer entsprechenden Höhe entstehen zu lassen – nichtsdestotrotz ist der Himmel bewölkt, nur fällt eben kein Regen.

Schießt unser Luftpaket aber über die Drei-Kilometer-Höhengrenze hinaus und steigt weiter auf, kommt es zu einem regelrechten Konvektionsschlauch, der Blumenkohlwolken (Cumulus congestus) entstehen lässt, die eine Obergrenze von sechs bis sieben Kilometern aufweisen und Niederschläge bringen. Ist die Erwärmung über den sich aufheizenden Ebenen und Flachländern Kubas (relativ zu Umgebung) stark genug und die Konvektion entsprechend ausgeprägt, wird weitere Luft wie durch einen Staubsauger in die Höhe befördert und bildet die typischen ambossförmigen Gewitterwolken, die auf Kuba bis zu 14 Kilometer in die Höhe ragen können. Dieser Vorgang dauert meist bis in die Nachmittagsstunden, sodass Wärmegewitter in der Regel zu dieser Tageszeit über dem Land niedergehen. Innerhalb dieser Gebilde kommt es zu starken Aufwinden, die den kondensierten Wasserdampf oberhalb von 5000 Metern durch Abkühlung in Eiskristalle überführen. Die Aufwinde sowie der Übergang der Wassermoleküle vom gasförmigen zum flüssigen und schließlich festen Zustand führen zu einer Ladungstrennung in der Gewitterwolke sowohl zwischen den Wolkenteilen als auch zwischen Erdoberfläche und Wolke. Schließlich kommt es zu einer plötzlichen Entladung des elektrischen Spannungszustandes – wie beim Kurzschluss – in Form von Blitzen innerhalb der Wolken oder zwischen Wolken und Erde, oft begleitet von einem grollenden Donner. Der lateinische Namen dieser Wolkenart, Cumulonimbus (*cumulus* = Haufen, *nimbus* = Regen), lässt erahnen, dass sie mit kräftigen Schauern oder auch Hagel verbunden ist. Die einzelligen Wärmegewitter dauern in der Regel bis zu einer halben Stunde, dann ist der Spuk vorbei. Mehrzellige Gewitter, die sich durch die ständige Auflösung alter und Bildung neuer Zellen in einem Abstand von 20 bis 30 Minuten erhalten, können Kubas Ebenen auch über mehrere Stunden beeinflussen. Während dieser Zeit fallen überwiegend gießkannenartig die Starkregen im Sommer. In der Nacht lässt sich das Phänomen übrigens über der See beobachten, wenn das Land stärker abkühlt und konvektive Niederschläge über dem Meer niedergehen (Land- und Seewinde).

(Lech Suwala)

Hurrikane – Entstehung, Zerstörungen und Katastrophenschutz

Im Jahr 2008 fegten gleich vier tropische Stürme, davon drei Hurrikane – „Gustav“ und „Ike“ jeweils mit Stärke 4 und „Paloma“ mit Stärke 2 – über das kubanische Festland, und die Auswirkungen des Hurrikans „Hanna“ (Stärke 1) waren in Form von Überschwemmungen an der nordöstlichen Küste spürbar. Obwohl zugleich die höchsten jährlichen Sachschäden, knapp 9,5 Milliarden US-Dollar, in der Geschichte des Landes entstanden, waren

Messskala für Hurrikane

Stufe / Kategorie	Windgeschwindigkeit			Anstieg des Wasserspiegels in Meter	Zentral-druck in hPa
	Knoten	km/h	Beaufort		
Tropisches Tief	<34	<63	<8	≈ 0	
Tropischer Sturm	34-64	63-118	8-11	0,1-1,1	
Hurrikan Kategorie 1	64-83	119-153	> 11	1,2-1,6	> 980
Hurrikan Kategorie 2	83-96	154-177		1,7-2,5	965-979
Hurrikan Kategorie 3	96-113	178-209		2,6-3,8	945-964
Hurrikan Kategorie 4	113-135	210-249		3,9-5,5	920-944
Hurrikan Kategorie 5	> 135	> 250		> 5,5	< 920

Quelle: National Oceanic and Atmospheric Administration, NOAA (2010)

lediglich sieben Tote zu beklagen. Es stellen sich Fragen, warum Kuba oftmals Ziel solcher Stürme ist, wie diese entstehen und welche Maßnahmen dagegen eingeleitet werden.

Auch wenn nicht über alle Details Einigkeit herrscht, gelten folgende Faktoren bei der Entstehung und den Eigenschaften von Hurrikanen als gesichert: Ursächlich für die Entstehung jedes Hurrikans ist ein regionaler Luftdruckfall in der äquatorialen Tiefdruckrinne, der zu flachen tropischen Wellen, sogenannten Easterly Waves, führen kann. Diese tropische Wellenstörung wandert sechs bis sieben Längengrade westwärts, in umgekehrter Zugrichtung wie Tiefdruckgebiete in unseren Breiten. Ob daraus eine tropische Depression, ein tropischer Wirbelsturm oder gar ein Hurrikan entsteht, hängt unmittelbar von der Erdrotation und der Wassertemperatur ab: Ein Hurrikan entwickelt sich nur über dem Meer und nur in einem Gürtel zwischen dem fünften nördlichen und südlichen Breitengrad beiderseits des Äquators. Hier werden die einströmenden Luftmassen durch die Wirkung der sogenannten Corioliskraft stark genug abgelenkt, um einem sich formierenden Tiefdruckzentrum eine zyklonale Rotation zu verleihen – auf der Nordhalbkugel gegen den Uhrzeigersinn und auf der Südhalbkugel im Uhrzeigersinn. Außerdem muss das Meer mindestens 27 °C warm sein und eine Wasserschicht von 200 Metern Tiefe aufweisen, die genug gespeicherte Energie besitzt, um lang anhaltende

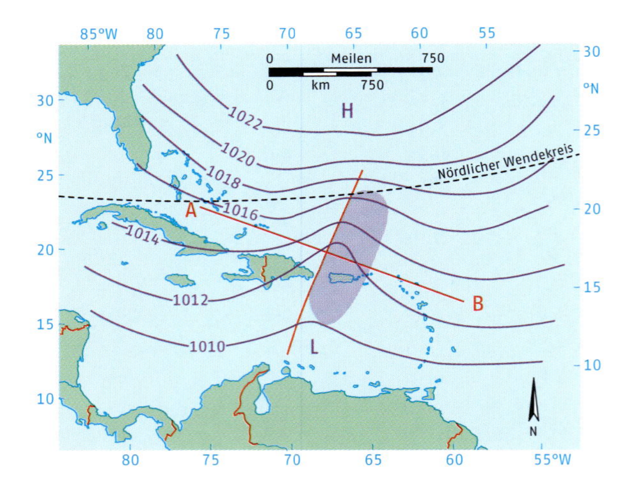

Easterly Wave östlich der Großen Antillen (nach Klose 2008, S. 327)

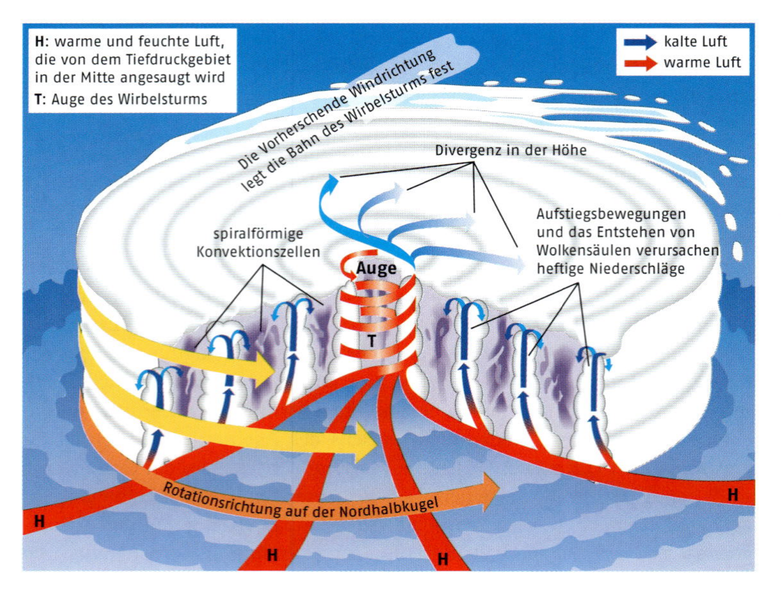

Querschnitt eines Hurrikans auf der Nordhalbkugel (nach Klose 2008, S. 332)

konvektive Prozesse, also einen „Staubsaugereffekt", über eine entsprechende Wärmeabgabe bei der Kondensation des Wasserdampfs zu ermöglichen. Für das Einflussgebiet Kubas ist diese Konstellation meistens zwischen Juni und November über dem Nordatlantik östlich des Antillenbogens gegeben. In der Regel entstehen pro Saison neun bis zehn tropische Wirbelstürme, von denen zwei bis drei die Schlagkraft von Hurrikanen erreichen. Diese wolkenbildende Dampfküche besitzt keine Fronten, sondern entsteht in einheitlich feuchtwarmen Luftmassen und bildet mächtige Wolkenkomplexe mit einem Durchmesser von etwa 300 bis 500 Kilometern. Die stark erhitzte und mit Feuchtigkeit aufgeladene Luft rotiert um einen erstaunlicherweise meist ovalen, wolkenarmen und windschwachen Kern, dem „Auge" des Sturms mit einem Durchmesser von etwa 20 bis 60 Kilometern. Rings um das Auge konzentriert sich die ungeheure Energie des Sturms: Eine zwölf bis 16 Kilometer hohe und hunderte Kilometer lange, nach außen geneigte Wolkenmauer mit hundert bis zweihundert Gewittertürmen ist für verheerende Windgeschwindigkeiten, meterhohe Flutwellen und sintflutartige Regenfälle verantwortlich. Dabei können 600 Millimeter Niederschlag innerhalb weniger Stunden niederprasseln, so viel wie in Berlin in einem ganzen Jahr.

Tabakhütte mit provisorischem Dach in der Provinz Pinar del Rio nach der Zerstörung des Daches durch einen Hurrikan

Hurrikan „Ike"

Eine Schilderung der World Meteorological Organization zu Auswirkungen des Hurrikans „Ike" vom 7. bis 9. September 2008 veranschaulicht die Dimensionen und Zerstörungskraft solcher Stürme. Mehr als eine Million Kubaner mussten bereits am Sonntag (7.9.) evakuiert werden, bevor Hurrikan „Ike" tags darauf mit Windstärken von über 190 Stundenkilometern auf die Nordküste der Provinz Holguin im Osten des kubanischen Festlandes traf. Tags zuvor waren bereits 200 Häuser in Baracoa durch sieben Meter hohe Flutwellen zerstört worden, die sich in der Spitze bis zu zwölf Metern aufgebäumt hatten. Obwohl der Hurrikan auf seiner westlichen Zugbahn durch die Provinzen Holguin, Las Tunas und Camagüey auf Stärke eins zurückgestuft wurde, kam es auf dem Festland zu erheblichen Zerstörungen und zahlreichen Überschwemmungen.

Blick aus dem All: Hurrikan „Ike" am 8. September 2008 – über Kuba (National Oceanic and Atmospheric Administration, NOAA, 2010)

So wurden Zuckerrohrfelder auf einer Fläche von 3400 Quadratkilometern (in etwa die Fläche der Ferieninsel Mallorca) vernichtet, und das obwohl der thermodynamische Wirkungsgrad der Maschine „tropischer Wirbelsturm" sehr gering und diese anfällig ist: Gerade einmal drei Prozent der freigesetzten latenten Wärme werden in Bewegungsenergie umgewandelt, und beim Entzug der Energiequelle, über kühlen Meeresoberflächen oder über Land, findet der Sturm ein jähes Ende. Nach einer kurzen Phase über dem Karibischen Meer im Bereich der Südküste Kubas traf der Hurrikan am 9. September abermals auf das Festland: dieses Mal an der Südküste der Provinz Pinar del Rio, wo 1,6 Millionen Menschen frühzeitig gewarnt worden waren.

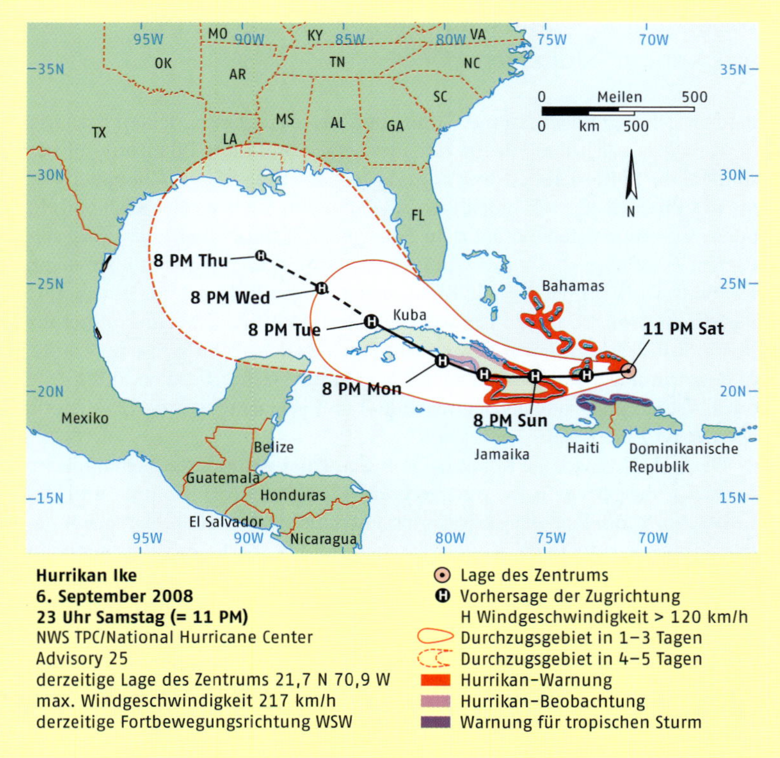

Zugbahn des Hurrikans „Ike" (nach National Oceanic and Atmospheric Administration, NOAA, 2010)

Trotz der knappen finanziellen Mittel auf der Insel und einer bei weitem nicht so fortgeschrittenen Vorhersagetechnik wie in den USA verfügt Kuba über ein exzellentes Präventions- und Frühwarnsystem, welches zur rechtzeitigen Evakuierung ganzer Regionen und zur Rettung vieler Menschenleben führt. Wichtiger Bestandteil für Kubas Erfolg in der Katastrophenprävention ist die Einbeziehung der Bevölkerung, die durch regelmäßige Informationsveranstaltungen und Notfallübungen auf den Ernstfall vorbereitet wird. *(Lech Suwala)*

Palma Real, Flaschenpalme und Kokospalme – landschaftsprägende Vegetation mit hohem Nutzwert

Palmen gehören neben Strand, Sonne und Meer zu dem perfekten Szenario für Urlauber auf Kuba. Für die Kubaner selber sind diese Pflanzen – insbesondere die Königspalme (*Roystonea regia*) – so etwas wie die Charakterbäume des Eilandes: Ob auf prächtigen Alleen in den Städten oder auch einzeln oder in Gruppen stehend auf dem Land, überall findet man diese majestätischen Gewächse. Bei einer repräsentativen Wirkung bleibt es aber nicht, vielmehr wird die Palme auf Kuba als wichtiger Rohstoff für eine große Bandbreite von Produkten genutzt. Sie liefert nicht nur Nahrungsmittel für Mensch und Tier in Form von Kokosnüssen, Milch, Palmwein oder Stärke. Man gewinnt aus den Palmen auch Material für Dächer, Schalen und Körbe oder Wachse und Fette als Schmiermittel und gelegentlich sogar Kraftstoffe wie Öle und Biodiesel.

Die isolierte Insellage Kubas hat dabei zu einer besonderen Vielfalt dieser Gewächse beigetragen. Zu weit verbreitenden Arten der Königs- und der Kokospalme gesellen sich sogenannte endemische, also nur hier beheimatete Spezies wie die Fass-, Kork-, Flaschen- und Fächerpalme. Besonders im Westen der Insel, in der Provinz Pinar del Rio, sind diese seltenen Palmenarten anzutreffen. Während die langlebigen, immergrünen und vom Aussterben bedrohten Korkpalmen (*Mircocycas calocoma* – eigentlich müssten sie als Schönhaarpalmen übersetzt werden) mit Wuchshöhen von über zehn Metern aufgrund ihres lichten Bestandes keine Funktion als Nutzpflanzen haben, eignen sich die vom Aussehen her ähnlichen Fass- und Flaschenpalmen hervorragend zur Produktion von Naturbehältern. Dabei wird die für diese Palmenarten charakteristische bauchähnliche Stammverdickung längs gespalten. Die ungewöhnliche Form dieser Gewächse hat dazu geführt, dass die Fasspalme (*Colpothrinax wrightii*) im Volksmund auch als „schwangere

Königspalme auf einem repräsentativen Platz in Camagüey

Königspalme in der Sierra Maestra

Palme“ (*palma barrigona*) und die Flaschenpalme (*Acrocomia armentalis*) aufgrund ihres von Blattansätzen begleiteten Stammes als „bewaffnete Palme“ bezeichnet wird.

Wie schon erwähnt, prägt die bis zu 40 Meter hohe Königspalme nicht nur das Landschaftsbild auf Kuba, sondern sie ist zugleich der am vielseitigsten nutzbare Vertreter ihrer Art. Das beständige Holz des Stammes lässt sich für alle Arten von Möbeln, die oberen Blattwedeln traditionell als Dach für Bohio-Hütten und die harten Blatthülsen zum Flechten von Hauswänden, Körben oder Matten verwenden. Früchte und Palmenherzen dienen als Zutaten für vielerlei Speisen, etwa Salate oder Suppen, oder auch als Tierfutter, und die getrockneten Schalen sind ein gutes Brennmaterial.

Die herrschaftliche Königspalme darf indes nicht mit der meist 20 bis 25 Meter hohen Kokospalme verwechselt werden, die wohl wie keine andere Baumart das Bild tropischer Küsten geprägt hat. Obwohl sich diese Palmenart als widerstandsfähig im Hinblick auf permanente Seewinde und manche tropischen Stürme erwiesen hat, stellt sie hohe Ansprüche an den Wärme-

Erzeugnisse der Kokospalme: a) Traditionelle Bohio-Hütte aus Palmenblättern; b) Kokosfett; c) Piña-Colada-Cocktail; d) Kosmetikartikel

und Wasserhaushalt und ist frostempfindlich; optimale Werte liegen bei gleichverteilten Niederschlägen von 1800 Millimetern im Jahr und einer mittleren Jahrestemperatur von 26 bis 27 °C. Da diese Vorraussetzungen in großen Teilen Kubas nicht erfüllt werden, findet man die Hauptverbreitungsgebiete dieser Palmenart in einem äquatornahen Gürtel zwischen 15° nördlicher und südlicher Breite. So ist auch nicht verwunderlich, dass Kuba nicht zu den Hauptanbau- und Exportländern für Kokosnüsse zählt; hier sind insbesondere Indonesien und die Philippinen zu nennen. Dennoch gedeihen die Pflanzen auch weiter entfernt vom Äquator, zwischen 26° nördlicher und südlicher Breite, und ermöglichen auch den Kubaner ihre

reichhaltigen Vorzüge: Bereits eine Plantage von der Größe eines Eishockeyfeldes mit bis zu 40 Bäumen spendet genug Biomasse, um den Jahresbedarf an Brennstoff für eine fünfköpfige Familie zu decken. Freilich können die Bäume mannigfaltigen Nutzungen zugeführt werden. Stämme und Palmwedel eignen sich wie die der anderen Palmenarten für den Bau von Schiffen und Hütten, für Sitz- und Liegemöbel oder als Material für Schalen, Körbe und andere Haushaltsgegenstände. Ihre Früchte, die Kokosnüsse, werden meist kopfgroß und grün – also noch ziemlich unreif – von Palmkletterern geerntet; vor dem Transport werden die äußeren Schichten entfernt, um Gewicht und Platz einzusparen. Wird das weiße Fruchtfleisch getrocknet, bildet es den Ausgangsstoff (Kopra) für Öle, Fette, Margarinen oder Kochpasten. Kokosöl, ein weißlich-gelbes Pflanzenöl, wird vor allem zum Backen, Frittieren und Braten verwendet und macht etwa acht Prozent des weltweiten Verbrauchs an Pflanzenölen aus. Ferner findet es in einer Reihe weiterer Industrien Anwendung, darunter in der Pharmazeutik, Kosmetik und Kraftstofferzeugung. Bedenkt man, dass auch das Kokoswasser, die Kokosmilch, die Fruchtschalen, Kokosfasern oder der Palmensaft unterschiedlich weiterverarbeitet werden können, ergibt sich eine fast unerschöpfliche Palette an Erzeugnissen. Den meisten Urlaubern reicht sie aber wohl als Zierpflanze und Lieferant von Palmsirup als einem der Ausgangsstoffe für den berühmten Cocktail Piña Colada. *(Lech Suwala)*

Tektonik und Großlandschaften

In Grundzügen entstand die heutige Form Kubas durch tektonische Faltungen und Hebungen, die im Tertiär vor rund 60 Millionen Jahren einsetzten und im Südosten bis heute andauern. Im Südosten, zwischen den Inseln Kuba und Hispaniola mit den Staaten Haiti und Dominikanische Republik, verläuft die aktive Plattengrenze der nordamerikanischen und der karibischen Platten; Ausdruck davon sind der bis zu 4000 Meter tiefe Graben unter der Meeresstraße der Windwardpassage sowie das junge Faltengebirge der Sierra Maestra im Osten Kubas. Die höchsten Gipfel ragen dort fast 2000 Meter über Meeresniveau auf; Erdbeben sowie Strandterrassen sind Zeugnisse der nach wie vor aktiven tektonischen Vorgänge. Das küstenparallel verlaufende Gebirge weist die für junge Hebungen typischen schroffen Steilhänge auf und fällt steil zum Meer hin ab. Auf einer Distanz von nur 40 Kilometern kann ein Höhenunterschied zwischen den Gipfeln und dem Meeresboden von über 7000 Metern gemessen werden.

Demgegenüber ist der übrige größte Teil der Insel tektonisch stabil. Kennzeichnend sind weite Ebenen und wenig Mittelgebirge. Die rundlichen

Geomorphologische Gliederung Kubas (nach Tietze 1992, S. 731)

Blick über die Sierra Maestra

Formen der Berg- und Hügelländer belegen, dass dort über lange Zeiträume vor allem Verwitterung und Abtragung am Werk sind. Von Westen nach Osten lässt sich Kuba grob in drei Bergländer (*cordilleras*), drei Hügelländer (*alturas*) und zwei Ebenen (*llanos*) gliedern. Im Westen befindet sich die Cordillera de Guaniguanico, die überwiegend aus Kalksteinen aufgebaut ist und Höhen bis 700 Meter erreicht; dort sind die beeindruckenden Formen

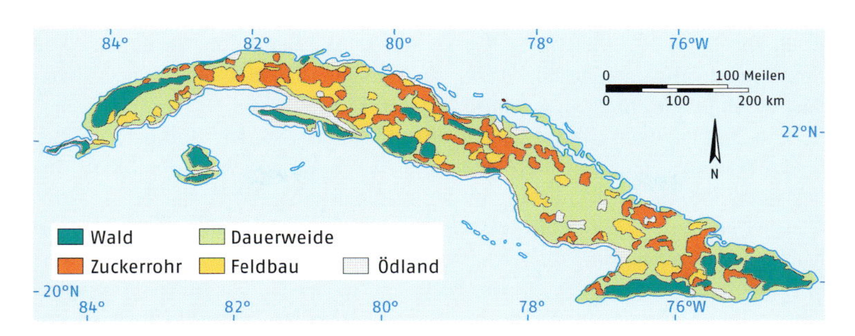

Landnutzung Kubas (nach Tietze 1992, S. 733)

Rinderhaltung in der Sierra de Escambray

des tropischen Kegelkarsts zu finden. Östlich schließt sich das schwach reliefierte Bergland von Havanna und Matanzas an. Über 200 Kilometer Richtung Osten erstreckt sich eine ausgedehnte Ebene, die kaum die Hundert-Meter-Höhenmarke erreicht. In Mittelkuba befindet sich an der nördlichen Küste das Hügelland von Santa Clara, welches an der südlichen Küste in die Sierra de Escambray, mit kristallinem Gestein und Höhen über 1100 Metern, übergeht. Weiter östlich folgt die ausgedehnte Ebene von Camagüey, die ihren nordöstlichen Abschluss um das Hügelland von Holguin und ihren südöstlichen Abschluss in der Sierra Maestra findet.

Die Küstenzonen Kubas zeigen – mit Ausnahme der Südküste an der Sierra Maestra – einen flachen Übergang zwischen Land und Meer. Dort dominieren Sedimentaufschüttung in den Mündungsbereichen der Flüsse, zum Beispiel im Cauto-Delta nördlich der Sierra Maestra, Verlandungsprozesse in Mangroven und Sumpfgebieten, etwa die Zapata-Halbinsel, sowie Korallenbildungen, die zur Entstehung von vorgelagerten Inseln (*cayos* wie etwa Cayo Coco, Cayo Romano) und Sandstränden aus Korallenkalk (zum Beispiel Varadero) führen. Durch die Verlandungsprozesse sind flache, aber geschützte Naturhäfen in sogenannten Taschenbuchten (*bahiás de bolso*) entstanden, wie etwa die Bucht von Cienfuegos; sie besitzen einen schmalen Zugang zum Meer, hinter dem sich landwärts eine weite Bucht öffnet. Mit Ausnahme der Taschenbuchten sind die Küsten Kubas wegen der geringen Wassertiefen und der vorgelagerten Riffe für die Schifffahrt ein schwieriges Terrain.

Oberflächenform und landwirtschaftliche Nutzung stehen in engem Zusammenhang. Die Ebenen werden intensiv bewirtschaftet, wenn auch – in Abhängigkeit von der jeweiligen Niederschlagssituation – auf ganz unterschiedliche Weise. In den westlichen Gebieten findet sich aufgrund höherer Niederschlagsmengen und der Möglichkeit zur Bewässerung aus den Stauseen der Bergländer und Staubecken am Gebirgsfuß eine intensive Ackerbaunutzung mit Zuckerrohr, Mais, Reis und Gemüse. In den östlichen Ebenen fällt weniger Regen, vor allem in der winterlichen Trockenzeit, sodass hier die Grünlandwirtschaft mit Dauerweiden für die Viehhaltung weit verbreitet ist. In den Bergländern sind die höheren Lagen und steileren Bereiche mit Wald – vor allem Pinien, Kiefern und Eichen – bestanden. In Tälern und weniger steilem Gelände trifft man oft kleinere Landwirtschaftsbetriebe an, die Gemüse, Tabak oder Kaffee anbauen; aber es gibt auch großflächige Betriebe, die sich auf Zitrusfrüchte und Mangobäume spezialisiert haben und zusätzlich oft Vieh halten. *(Elmar Kulke)*

Viñales – wie entsteht eine traumhaft schöne Mogotenlandschaft?

Das Tal von Viñales, im Westen der Sierra de los Organos gelegen, ist eine der herausragenden Naturschönheiten der Insel und eines der besten Beispiele für tropische Karstlandschaften. Ob am frühen Morgen, wenn die Gipfel von der aufgehenden Sonne beleuchtet werden und noch Dunst über den Feldern des Talbodens liegt; ob in der Tagessonne, wenn das satte Grün

Morgenstimmung im Tal von Viñales

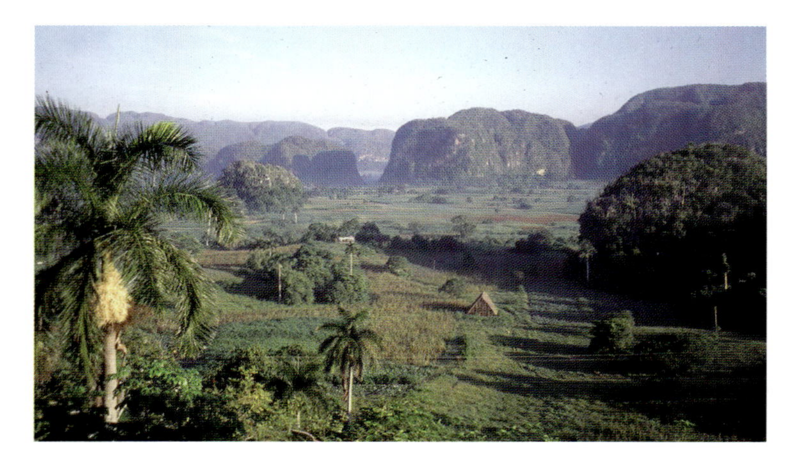

Blick über das Tal von Viñales

der Felder und das leuchtende Rot der Böden besonders auffallen, oder am Abend, wenn sanftes Licht und Schatten die Mogoten herausarbeiten – bei einem Blick vom Mirador über das Tal kann man sich kaum sattsehen.

Verkarstung mit den dazugehörigen Formen tritt vorwiegend in Kalkstein auf; der Viñales-Kalk wurde in der Jurazeit vor 135 bis 190 Millionen

Das Werk intensiver Verwitterung: Türme und Kegel aus Kalkstein

Bei dem Prozess der Kohlensäureverwitterung löst im Wasser (H_2O) befindliches Kohlendioxid (CO_2) die Kalzitkristalle ($CaCO_3$); die nun wasserlöslichen Ionen aus Kalzium und Hydrogenkarbonat (HCO_3) werden abgespült. Zuerst bilden sich einzelne Vertiefungen (Lösungsdolinen), unterirdische Höhlen, welche teilweise einstürzen (Einsturzdolinen), und Schlucklöcher (in denen das Wasser versickert), die sich zu den steilen und tiefen Hohlformen der sogenannten Cockpits erweitern. Wird der Grundwasserspiegel oder eine unlösliche Schicht unter dem Kalkstein erreicht, endet die in die Tiefe gerichtete Verwitterung und beginnt eine seitliche Lösung des Gesteins. Die Vertiefungen weiten sich aus und bilden einen ebenen Talboden. Übrig gebliebene Kuppen erfahren an den Seiten Lösungsverwitterung, und es entstehen steile Kegel und Türme – die Mogoten. Weil das Regenwasser an den abschüssigen Hängen schnell abläuft, ist dort die Lösungsverwitterung weniger ausgeprägt: Die gerundeten Mogoten bleiben in ihrer Form erhalten und prägen das Bild der Landschaft. Turm- und Kegelkarst entsteht in den feuchten und wechselfeuchten Tropen mit hohen Niederschlägen und Temperaturen in langen, nicht durch die Eiszeiten unterbrochenen Zeiträumen.

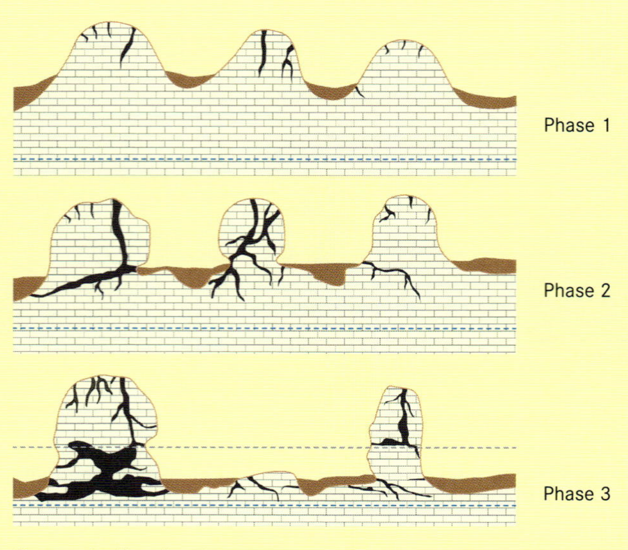

Genese des Kegelkarsts

Bohio-Wohnhaus

Transportkarren in Viñales

Jahren abgelagert. Durch tektonische Hebungen in der erdgeschichtlich jüngeren Zeit des Tertiärs gelangten die Ablagerungen an die Erdoberfläche und sind seitdem, seit etwa vier Millionen Jahren, ständigen Verwitterungs- und Abtragungsprozessen ausgesetzt.

Den Reiz des Viñales-Tals machen aber nicht nur die steilen, dicht bewachsenen Mogoten aus, sondern auch die Kulturlandschaft auf dem fruchtbaren Talboden. In Streulagen befinden sich dort Höfe mit den typischen Bohio-Wohnhäusern und Trockenschuppen für Tabak. Um die Gebäude stehen Obstbäume (Guave, Mango, Papaya, Zitrusfrüchte) und Fruchtsträucher (Ananas, Bananen, Kaffee), zwischen denen Hühner und Schweine frei herumlaufen. Die Felder sind intensiv genutzt mit Tabakanbau, aber auch vielen Feldfrüchten, die Grundnahrungsmittel der Bevölkerung darstellen. Gute Böden, hohe Niederschläge (die für die Trockenzeit in offenen Becken gespeichert werden) und ganzjährig warme Temperaturen erlauben mehrere Ernten im Jahr. Um die Fruchtbarkeit des Bodens zu verbessern, werden Feldfrüchte mit unterschiedlich langen Wachstumsphasen im Wechsel angebaut. Zu finden sind Bohnen (3 Monate), Kürbis (3 Monate), Mais (3 Monate), Boniato (4–6 Monate), Manjok (8–9 Monate) oder Malanga (8 Monate).

Die intensive landwirtschaftliche Nutzung und die kleinteiligen Felder zeigen, dass es sich hier um Privatbetriebe handelt. Familien bewirtschaften mit viel Handarbeit die Höfe und leihen sich nur für das Pflügen einen Traktor aus der Kooperative. Sie versorgen sich mit allen landwirtschaftlichen Produkten selbst und erzielen durch den Verkauf der Überschussproduktion für Kuba relativ hohe Einkommen. Zum Schutz des einzigartigen Zusammenspiels aus Natur- und Kulturlandschaft erklärte Kuba das Gebiet zum Nationalpark, und 1999 erhielt das Tal die Auszeichnung als UNESCO-Weltkulturerbe. *(Elmar Kulke)*

Krokodile im Sumpf und eine Invasion – naturräumliche Bedingungen in der Schweinebucht

Die Schweinebucht ist dem geschichtsinteressierten Leser vor allem durch die Invasion (La Batalla de Girón, Playa Girón) von 1500 schwer bewaffneten Exilkubanern der Brigade 2506 am 17. April 1961 bekannt. Mit logistischer Unterstützung der US-Marine unter dem Kommando von zwei CIA-Beamten war das Ziel der Batalla de Girón, die Castro-Regierung zu stürzen.

Dabei ist die Schweinebucht in erster Linie der östliche Rand eines 3000 Quadratkilometer großen Sumpfgebietes, welches gleichzeitig die Niederungen der Halbinsel von Zapata markiert. Der Name „Schweinebucht“ leitet

sich tatsächlich nicht von Schweinen (spanisch *cochinos*), sondern von karibischen Drückerfischen ab, die in Kuba ebenfalls *cochinos* genannt werden.

Das Sumpfgebiet ist eine geologisch junge Bildung einer von West nach Ost verlaufenden Kalkbank und gleichzeitig das Ergebnis der mangelnden

Sumpflandschaft auf der Halbinsel von Zapata

Geostrategische Überlegungen der Amerikaner

Was veranlasste die Amerikaner 1961 dazu, in der schwerzugänglichen und abgelegenen Schweinebucht eine Invasion Kubas zu versuchen? Folgende Überlegungen scheinen zumindest auf den ersten Blick Sinn zu machen: Erstens bot das Sumpfgebiet der Halbinsel um die Bucht einen natürlichen Schutz gegen militärische Blitzhandlungen der revolutionären Truppen von Castro und seinen Verbündeten; zweitens lag die Bucht am Rande des Escambray-Gebirges, dem Zentrum zahlreicher Revolten der Konterrevolutionäre, die sogar noch bis Ende der 1960er Jahre gegen die Castro-Regierung wetterten; und drittens war die Region nur dünn besiedelt und dem US-amerikanischen Festland abgewandt, sodass ein Überraschungseffekt erwartet und nicht mit lokalen Widerständen gerechnet wurde. Diese geostrategischen Überlegungen der Amerikaner haben sich bekanntlich als falsch erwiesen.

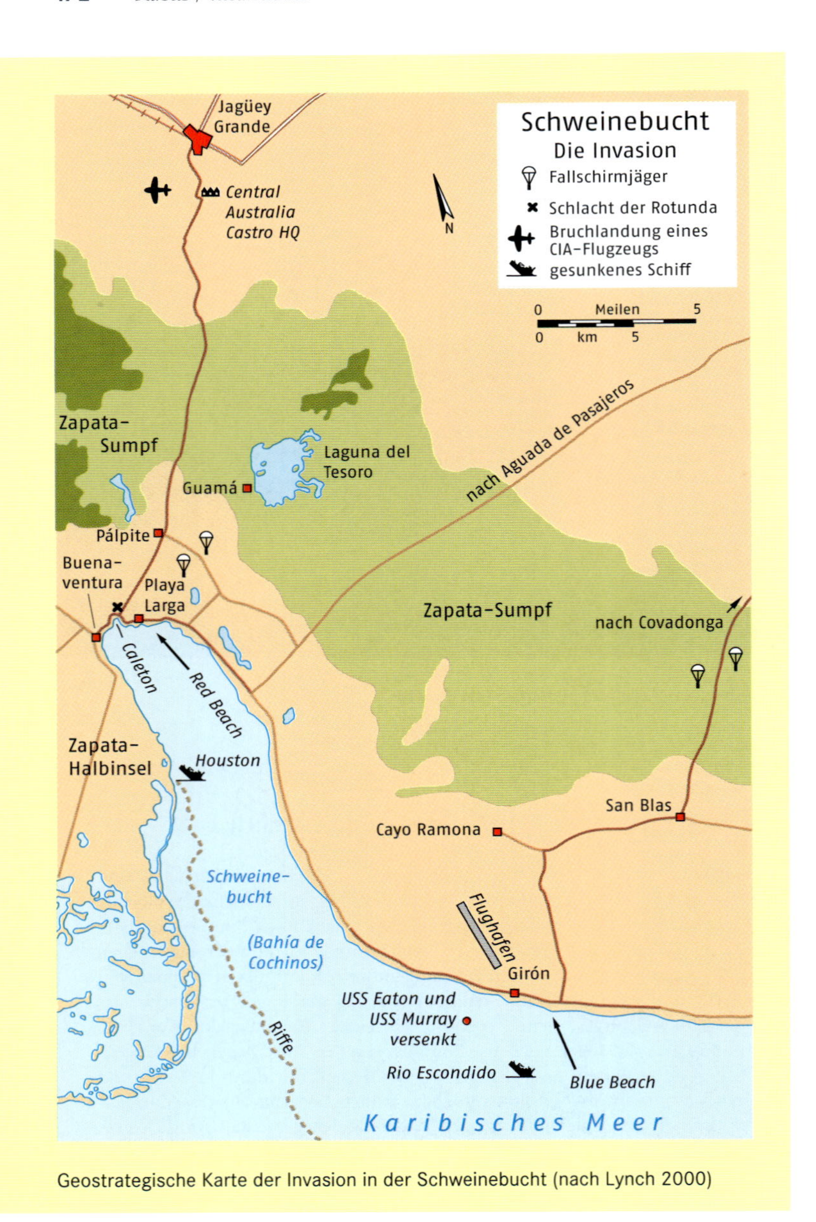

Geostrategische Karte der Invasion in der Schweinebucht (nach Lynch 2000)

Entwässerung dieser sehr flachen Ebene. Für den Wasserstau verantwortlich ist die in Richtung Küste vorgelagerte Barriere eines höheren Plateaus, erkennbar durch seinen stärkeren Bewuchs mit Bäumen, die den Wasserabfluss ins Meer verhinderte. Die Sedimentablagerung der ankommenden Binnengewässer führte zu einem natürlichen Verlandungsprozess. Auf diese Weise entstand ein drei bis sechs Meter tiefer Süßwassersumpf, der von unzähligen Flüssen, Lagunen und Inseln durchzogen ist.

An die Barriere, welche die Hohlform des Sumpfes begrenzt, schließt sich ein Mangrovenbewuchs an, der seine Existenz den Einflüssen von Salz- und Brackwasser sowie der Wirkung der Gezeiten verdankt. Er bietet durch seine Stelzwurzeln einen idealen Küstenschutz und einen Lebensraum für eine vielfältige Tierwelt. Vor der Revolution lebten die Bewohner hier von der Holzkohle- und Salzgewinnung und vom Krokodilfang. Trotz der wirtschaftlichen Bedeutung der Mangrove als Futterlieferant, als Basis für Farbstoffe und Lederwaren wie auch zur Gewinnung von Ölen und gerbsäurehaltigen Extrakten für medizinische Zwecke ist gegenwärtig die touristische Erschließung neben dem Fischfang die Haupteinnahmequelle

Krokodil in einer Zuchtfarm

der lokalen Bevölkerung; dem reichlichen Angebot an Süßwasserfischen stehen die Küstengewässer mit Seefischen in nichts nach. Dabei hat man aus der Vergangenheit gelernt: Schonungslosen Jagden auf Krokodile – in den 50er und 60er Jahren des letzten Jahrhunderts galt Krokodilleder als begehrtes Material für Modeartikel – wurde ein jähes Ende gesetzt; einem Ende der 1950er Jahre erarbeiteten Raumordungsgesetz folgte die Etablierung des größtes Naturschutzgebietes auf Kuba (Zapata) durch die nationale Planungsbehörde; so konnten sich Flora und Fauna mit der Zeit regenerieren. Heute findet man in den Mangrovensümpfen, sumpfigen Wiesen und vom Schilf bewachsenen Untiefen wieder Spitzkrokodile und die seltenen stumpfmäuligen Rautenkrokodile (*Crocodilus rhombifer*); Wild, Rebhühner und Flugenten wurden ausgesetzt, die hier in Nachbarschaft mit dauerhaften und saisonalen Gästen wie dem Flamingo, dem kanadischen Kranich oder dem amerikanischen Waldstorch leben. Ferner ist auch der äußerst seltene Zaunkönig (*Ferminia cerverai*) anzutreffen.

Dass die US-Amerikaner gerade diese Gegend auswählten, um eine Invasion Kubas zu versuchen, muss allerdings verwundern. Die Küstengewässer vor der Schweinebucht sind mit Riffen durchsetzt und sehr flach, was den Einsatz größerer Schiffe und die allgemeine Manövrierfähigkeit über Wasser und Land erheblich erschwert. Zudem gibt es nur eine einzige militärisch nutzbare Landpassage zum weiteren Festland, entlang der heuti-

Kommandozentrale Castros während der Invasion: die ehemalige Zuckerfabrik „Australia“

gen Ruta 3-1-18, die weiterführende Operationen nach der Landung leicht durchschaubar machte. Hier befand sich übrigens die Kommandozentrale Castros während der Invasion, die ehemalige Zuckerfabrik „Australia", die man heute noch besichtigen kann. Die Invasion scheiterte kläglich, nachdem die Versorgungsschiffe auf ein Korallenriff aufliefen. US-Aufklärungsflugzeuge hatten dieses Gebiet zuvor fälschlicherweise als eine Ansammlung von Seegraswiesen identifiziert, schweres Kriegsgerät ging so verloren. Nachdem kurze Zeit später auch mehrere Ablenkungsmanöver (US-Flugzeuge mit kubanischem Hoheitszeichen; Lautsprecher, die einen Angriff in der Provinz Pinar del Rio vortäuschen sollten) entlarvt wurden, überwältigte die kubanische Revolutionsarmee unter der Führung von Castro mit Hilfe der lokalen Bevölkerung nach vier Tagen und heftigem Kampf die Angreifer. So gelang es den Exilkubanern nicht, eine für die Landung vorgesehene Piste einzunehmen, wo die Exilregierung einen Hilferuf an die USA absetzen sollte. Gegen den Widerstand des US-amerikanischen Geheimdienstes CIA brach der damalige US-Präsident Kennedy die Militäroperation ab.

Bis heute kann nur vermutet werden, was passiert wäre, wenn die US-Administration unter Präsident Kennedy die Invasion nicht in der Schweinebucht, sondern an dem ursprünglich geplanten Landungsplatz, der Küste vor Trinidad, durchgeführt hätte. (Lech Suwala)

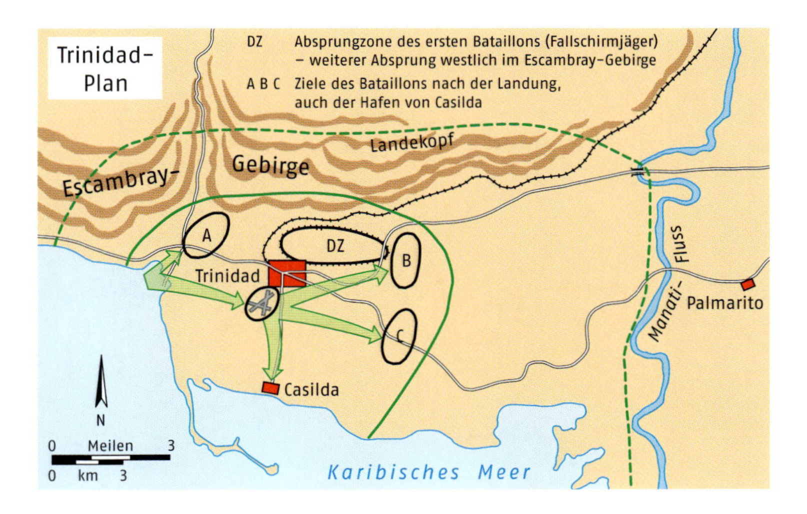

Die Alternative: der Trinidadplan (nach Lynch 2000)

Strände und Cayos – Touristenpotenzial und Umweltzerstörung

Das Nationale Institut für Tourismus (INIT) hat sich in der Vergangenheit bemüht, die Konzentration ausländischer Besucherströme auf die westlichen Provinzen Havanna, Matanzas (Varadero), Pinar del Rio und Valle de Viñnales zu verringern. Als Teil dieser Strategie hat deshalb vor etwa 25 Jahren die Erschließung des Barriereriffs am Atlantik vor der Nordküste Zentralkubas begonnen. Der Sabana-Camagüey-Archipel erstreckt sich über eine Gesamtlänge von 465 Kilometern zwischen Punta Hicacos im Westen und der Bucht von Nuevitas im Osten; er ist durch 15 bis 20 Kilometer breite, lagunenartige und flache Brackwasserbecken von der Nordküste der Provinzen Matanzas, Villa Clara, Sancti Spiritus, Ciego de Ávila und Camagüey getrennt. Von den über 2500 Inseln des Archipels lassen sich nur ungefähr ein Dutzend größerer Inseln touristisch profitabel erschließen, darunter Cayo Santa Maria, Cayo Coco, Cayo Romano und Cayo Sabinal.

Inzwischen ist das Tourismusministerium (MINTUR), entstanden aus dem Zusammenschluss von INIT und INTUR (Instituto de Turismo), für das Projekt verantwortlich. Man will eine touristische Infrastruktur – Straßen, Wasserleitungen, Hotels usw. – aufzubauen, die alle vorgelagerten Sandinseln (Cayos) sowohl untereinander als auch mit dem kubanischen Festland verbindet. Der Transport von Touristen und Baumaterial sowie die

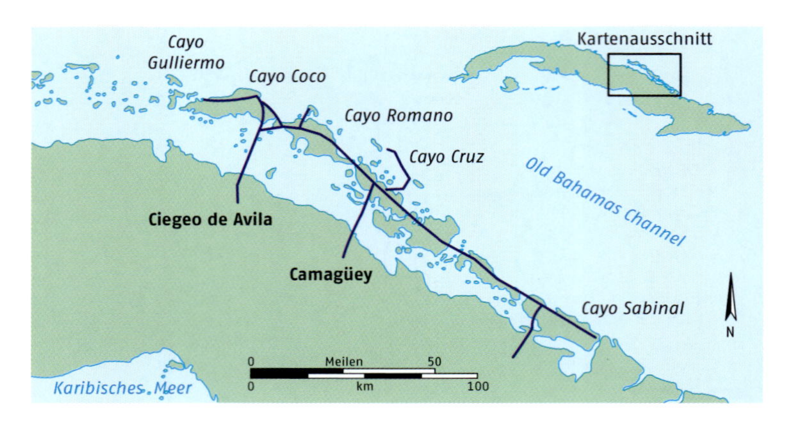

Infrastruktur zur Erschließung des Sabana-Camagüey-Archipels (nach Diaz-Briquets / Pérez-López 2000, S. 265)

Versorgung der Inseln mit Wasser und Lebensmitteln soll dadurch sichergestellt werden. Obwohl interne Studien seitens des nationalen geodätischen Institutes bereits 1990 vor negativen ökologischen Folgen von Verbindungsstrassen warnten, wurden Steindämme (*pedraplenes*) quer durch die zum Festland gerichteten Buchten gezogen. Den Anfang machte ein zwei Kilometer langer Damm im Osten des Archipels zwischen Nuevitas auf dem Festland und dem Cayo Sabinal. Es folgten mit der 26 Kilometer langen Verbindungsstraße zwischen Turiguanó und Cayo Coco, der 43 Kilometer langen Trasse zwischen Jigüey, Cayo Cruz und Cayo Romano sowie dem 48 Kilometer langen Monstrum zwischen Caibarién und Cayo Santa María immer größere Vorhaben. Der größte Teil der Projekte wurde erst Ende der 1990er Jahre fertiggestellt, das Ausmaß der ökologischen Auswirkungen ist deshalb noch

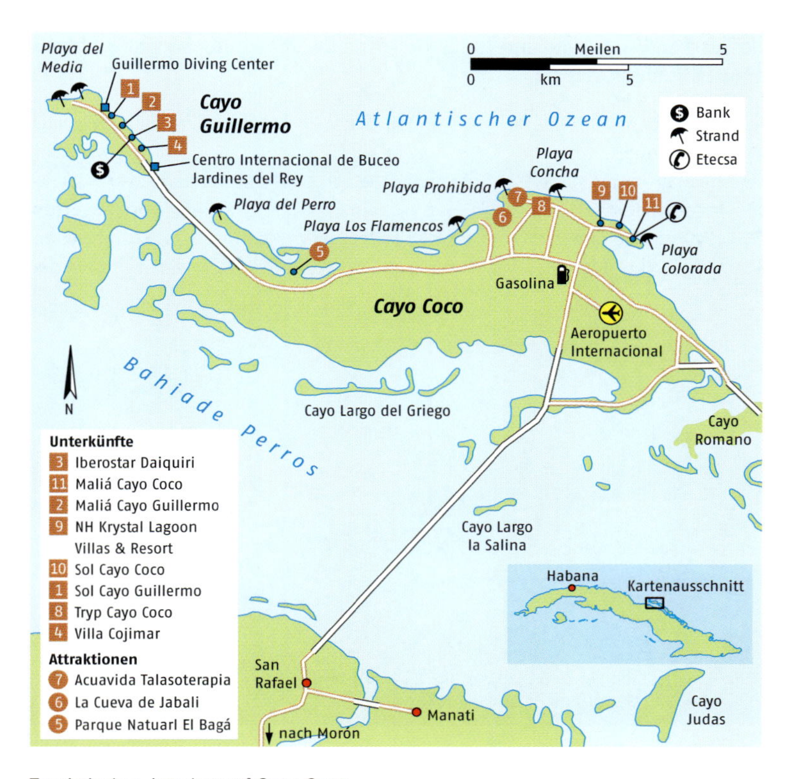

Touristisches Angebot auf Cayo Coco

nicht vollständig abzusehen. Das Desaster ist aber vorprogrammiert. Einer Studie von Cepero und Lawrence (2006) zufolge sind erhebliche Schäden durch den Steindamm zwischen Turiguanó und Cayo Coco in der Bahia de los Perros bereits heute zu beobachten. Fehlender Wasseraustausch und eine mangelnde Zirkulation in den nunmehr zerteilten Lagunen führen in abgeschnittenen Bereichen durch Verdunstung zum Absinken des Wasserspiegels und zu einer starken Versalzung; ein Rückgang von Mangrovenwäldern, die vor Erosion schützen, und mit ihm ein Massensterben verschiedener Fischarten ist nachgewiesen worden. Immerhin wurde beim Bau von Trassen neueren Datums, etwa zwischen Caibarién und Cayo Santa María, auf Brücken gesetzt, die Gezeitengang und Strömungen innerhalb der Buchten nicht so stark einschränken. Inzwischen beeinträchtigen die Dämme mehr als die Hälfte der empfindlichen Wasserökosysteme des Archipels. Gleichzeitig treten Probleme wie Überfischung, Wasserverschmutzung durch Rückstände aus Landwirtschaft und Industrie sowie die Einleitung von ungeklärten Haushaltsabwässern auf.

Cayo-Coco-Steindamm – a) Einfahrt; b) Damm; c) Frischwasserleitung (Scarpaci / Portela 2009, S. 130)

Obwohl sich auch in Kuba der Ökotourismus auf dem Vormarsch befindet, zieht der kubanische Staat den größten Gewinn aus dem traditionellen „Sonne-und-Strand"-Tourismus mit Investitionen ausländischer Hoteliers. Neuerdings werden zunehmend auch die Riffe an der Südküste durch Brücken und Dämme erschlossen. Es wird sich naher Zukunft zeigen, ob die durch den Inseltourismus zugeflossenen Devisen die immensen Umweltschäden aufwiegen können. *(Lech Suwala)*

Erbeben in Santiago de Cuba

Anfang des Jahres 2010 erschütterte ein gewaltiges Erdbeben der Stärke 7 (vergleichbar mit den Einschlag eines hundert Meter großen Meteoriten) nahe der Hauptstadt Port-au-Prince die Republik Haiti und forderte neben Sachschäden in mehrstelliger Milliardenhöhe über 100 000 Tote, doppelt so viele Menschen wurden bei der Katastrophe verletzt, und mehr als eine halbe Million Haitianer verloren ihr Dach über dem Kopf. Dieses Ereignis hätte auch im Osten Kubas, genauer gesagt im nur etwa 250 Kilometer weiter westlich gelegenen Santiago de Cuba eintreten können. Tatsächlich waren die Erdstöße auch hier noch zu spüren. Einige kleinere Beben, die teilweise Stärke 4 auf der Richter-Skala erreichten, wurden Monate vor dem Unglück

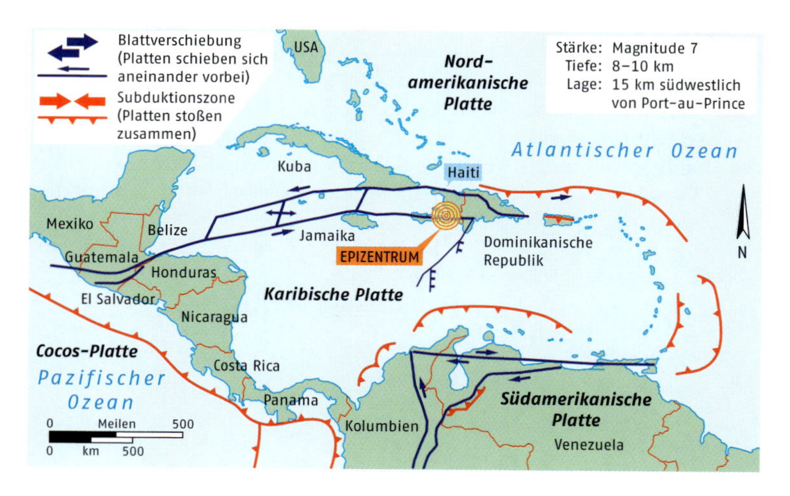

Tektonik der Karibischen Platte und das Erdbeben auf Haiti im Januar 2010 (nach US Geological Survey 2010)

auf Haiti im Osten Kubas registriert, verursachten aber nur kleinere Sachschäden.

Ursache der Erschütterungen ist die Lage dieser Region an der Nahtstelle zwischen der nordamerikanischen und der karibischen Platte, die im Cayman-Graben zwischen Kuba und Jamaica verläuft. Die karibische Platte nimmt dabei eine besondere Stellung ein, denn sie grenzt gleich an mehrere andere Platten: die nordamerikanische Platte im Norden und Osten, die Kokos- und Nazca-Platte im Westen und an die südamerikanische Platte im Süden. Diese dynamischen Krustenteile entfalten enorme Kräfte und versetzen die Inselwelt der Karibik buchstäblich in eine Zwickmühle: Vom Westen her schiebt der Meeresgrund des Pazifiks – die Kokos-Platte – gegen die Region, vom Osten her drückt der Boden des Atlantiks (nordamerikanische Platte); beide Erdplatten tauchen unter die karibische Platte, die in der Tiefe sprichwörtlich wie eine Zitrone ausgepresst wird. Beim interkontinentalen Zusammenstoß dieser riesigen Erdplatten schieben sich in der Tiefe Millionen Tonnen schwere Gesteinspakete gegeneinander. Im Untergrund bildet sich Magma, das regelmäßig an die Oberfläche durchbricht. In Jahrmillionen entstanden auf diese Weise Vulkaninseln und Bruchfaltengebirge in der Karibik – so auch die Sierra Maestra im Hinterland von Santiago de Cuba, ein Faltengebirge, welches infolge des Aufeinandertreffens der Kokos- und karibischen Platte im südostlichen Teil Kubas aufgeworfen wurde. Auch wenn sich die Platten nur um wenige Millimeter pro Jahr bewegen, liegen die Karibik und insbesondere der Osten Kubas in einem Gebiet erhöhter seismischer Aktivität. Die Kollision mit umgebenden Erdplatten hat die karibische Platte während der Jahrmillionen so stark zertrümmert, dass sie auf den tektonischen Karten der Geologen wie eine gesprungene Glasscheibe aussieht.

Geschichtliche Quellen berichten von 22 großen Erdbeben im Osten Kubas, darunter sind insbesondere die Beben von 1766 und 1932 hervorzuheben. Obwohl Santiago de Cuba bereits von vier Erdbeben im 17. Jahrhundert

Stärkste je gemessene Erdbeben auf Kuba

Ort	Datum	Stärke (Richter-Skala)
Santiago de Cuba	12. Juni 1766	7,6
Santiago de Cuba	20. August1852	7,3
Santiago de Cuba	26. November 1852	7,0
Cabo Cruz	25. Mai 1992	7,0
Santiago de Cuba	7. August 1947	6,8

Quelle: ONE 2009

heimgesucht und teilweise zerstört wurde und die Erschütterung im Jahr 1776 mit einer Stärke von 7,6 heftiger war als die von 2010 auf Haiti, forderte das Ereignis aufgrund der damals wesentlich geringeren Siedlungsdichte nur 120 Opfer. Das Beben vom 3. Februar 1932 hatte eine Stärke von 7 und verursachte in der Stadt erhebliche Gebäudeschäden, mehrere hundert Menschen verloren ihr Leben. Das Stadtbild ist von der Bedrohung durch Erdbeben geprägt: Mit Ausnahme des 1991 gebauten Hotels „Santiago" überwiegen flache Gebäude, und erheblich länger als in der Mitte und im Westen der Insel verwendete man in Santiago Holz als Baumaterial für Häuser. Aber für erdbebensicheres Bauen fehlt schlicht das Geld. Die Hauptkathedrale Santa Iglesia Basilica wurde in ihrer Geschichte viermal wiederaufgebaut und trägt wie andere bedeutende Bauten, etwa das Rathaus der Stadt, das Antlitz des 19. Jahrhunderts.

Zuletzt hielt der Meeresboden vor Kuba im Jahr 2007 den Spannungen nicht mehr Stand; es ereignete sich ein Beben, dessen Epizentrum der Stärke 6,1 sich etwa 150 Kilometer südöstlich von Santiago de Cuba und 120 km nördlich von Montego Bay auf Jamaika im karibischen Meer (im Cayman-Graben) befand. In nur zehn Kilometern Tiefe brach das Gestein auf einer Länge von mehreren Kilometern. Zu nennenswerten Schäden kam es aber weder in Santiago de Cuba noch in der Region. Während solchen Ereignissen

Kathedrale in Santiago de Cuba – bisher viermal wieder aufgebaut

Direkt über der Verwerfung – Steilküste östlich von Santiago de Cuba

verschieben sich die Kontinentalplatten in wenigen Sekunden um bis zu drei Meter in entgegengesetzte Richtungen. Jährlich werden auf Kuba mehrere Erdbeben registriert, die aber glücklicherweise nur in Ausnahmefällen derart verheerende Wirkungen haben wie im Januar 2010 auf Haiti. *(Lech Suwala)*

Natur- und Landschaftsschutz auf Kuba – das Beispiel des Alexander-von-Humboldt-Nationalparks

Die 25 wichtigsten Hotspots der Biodiversität befinden sich auf nur 1,4 Prozent der Landoberfläche der Erde. Die Karibik gehört zu den bedeutendsten Regionen dieser Kategorie, neben Madagaskar, Sundaland (Malaysia, Philippinen, Indonesien – Sumatra, Borneo, Java und Bali) und den atlantischen Wäldern Brasiliens. Innerhalb der Karibik wird Kuba als wichtigstes Glied für den Erhalt der Biodiversität der Antillen betrachtet. Kuba beheimatet mehr als zwei Prozent der Fauna der Welt wie auch die höchste Anzahl an Tier- und Pflanzenarten der karibischen Inseln.

Das Massiv von Sagua-Baracoa in Ostkuba gilt als Zentrum des Endemismus auf der Insel; dies war 1987 ausschlaggebend für die Ernennung des Höhenzuges Cuchillas del Toa zum UNESCO-Biosphärenreservat. Das Kerngebiet des Reservats bildet heute den Nationalpark „Alejandro de Humboldt",

Büste Alexander von Humboldts im gleichnamigen Nationalpark, Besucherzentrum Bahia de Taco

Kubas Schutzgebietssystem und Biosphärenreservate

Die Verankerung des Umweltschutzes in der Verfassung und weitere Verordnungen mündeten 1994 in einem landesweiten Schutzgebietsystem (Sistema Nacional de Áreas Protegidas, SNAP) mit dem Ziel, Natur und Kultur des Landes sowie seine natürlichen Ressourcen zu schützen und zu erhalten. Das System gliedert die Schutzgebiete nach ihrer Artenvielfalt und ihren endemischen (einzigartigen) Ressourcen in solche von „nationaler Bedeutung" (Areas Protegidas de significación nacional, APSN), „regionaler Bedeutung" (Areas Protegidas de significación local) und „besonderer Bedeutung" (Regiones especiales de desarrollo sustentable). Während in Letzteren eine Mehrfachnutzung etwa durch Tourismus und Landwirtschaft möglich ist, unterliegen die Gebiete von regionaler Bedeutung und insbesondere die von nationalem Rang strikten Schutzregeln. Knapp ein Drittel der nationalen Schutzgebiete entfallen auf 22 Biosphärenreservate (Reservas Ecologicas, RE) und 14 Nationalparks (Parques Nacionales, PN).

Nationalparks (Parque Nacional, PN) und Biosphärenreservate (Reserva Ecologica, RE) auf Kuba (nach Hasdenteufel 2008, S. 25)

der seit Dezember 2001 gleichzeitig UNESCO-Weltnaturerbe ist. Der Natur- und Landschaftsschutz war auf der Insel dennoch lange keine Selbstverständlichkeit, erst 1959 wurde der Umweltschutz im Artikel 27 der Verfassung verankert. Im Gesetzestext heißt es: „Der Staat schützt die Umwelt und die natürlichen Ressourcen des Landes. (…) es ist die Pflicht der Staatsbürger zum Schutz (…) beizutragen."

Der größte terrestrische Nationalpark „Alejandro de Humboldt“ befindet sich im Osten der Insel in den Provinzen Guantánamo und Holguin und ist mit einer Fläche von 70 000 Hektar fast so groß wie das Stadtgebiet von Hamburg. Er bildet das wichtigste Rückzugsgebiet beziehungsweise den Ausgangspunkt der Entwicklung für die Flora Kubas und beheimatet ein Drittel aller hier vorkommenden endemischen Pflanzen; in Teilregionen sind sogar bis zu 90 Prozent der Pflanzen einzigartig. Eine Ursache für diesen einmaligen Artenreichtum ist das Zusammenspiel von Insellage, speziellem Klima und Relief. Ein weiterer entscheidender Grund der Artenvielfalt ist die Tatsache, dass dieser alte Inselkern über lange geologische Zeiträume eine feste Landfläche bildete. Immer wieder werden neue oder ausgestorben geglaubte Arten entdeckt.

Endemische Flora im Nationalpark

Gegenwärtig beschäftigt der Park knapp 150 Mitarbeiter, die in die Umsetzung des Nationalparkplans eingebunden sind. Dieser hat das große Ziel, einerseits die Vielfalt an Ökosystemen und natürlichen Ressourcen zu schützen und andererseits eine öffentliche Nutzung zumindest in Teilarealen zu ermöglichen. Es besteht somit ein klassischer Nutzungskonflikt zwischen Umweltschutz und Umweltbildung auf der einen Seite und zwischen Tourismus und landwirtschaftlicher (Brennholznutzung der lokalen Bevölkerung) sowie industrieller Nutzung (Forstwirtschaft, Bergbau) auf der anderen Seite. Obwohl einige der Nickel- und Chromminen stillgelegt wurden und auch ein prestigeträchtiges Staudammprojekt am Rio Toa, dem wasserreichsten Fluss Kubas, durch Fidel Castro bereits 1996 ad acta gelegt wurde, bereiten Finanzierungsprobleme, eine mangelnde Kommunikations- und Transportinfrastruktur und ein fehlendes Umweltbewusstsein der lokalen Bevölkerung dem Management Kopfzerbrechen. Insgesamt lässt sich festhal-

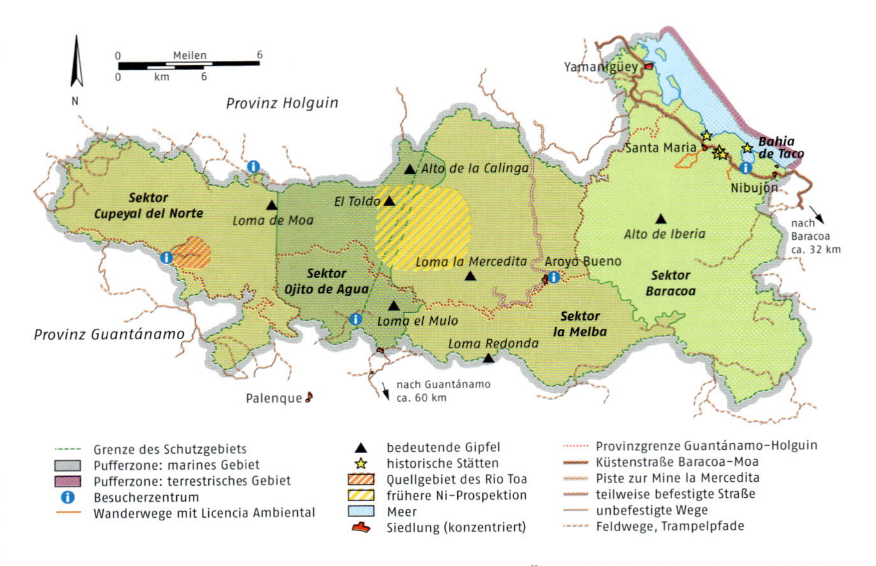

Der Alexander-von-Humboldt-Nationalpark im Überblick (nach Hasdenteufel 2008, S. 47)

ten, dass die drastische Knappheit der Ressourcen und die Notwendigkeit, Alternativen wie etwa die organische Landwirtschaft zu entwickeln, seit der Sonderperiode zu einem bewussteren Umgang der Bevölkerung mit der Umwelt beigetragen haben. Es bleibt allerdings für die Zukunft abzuwarten, ob mit frischem ausländischem Kapital der Abbau der Buntmetalle oder die Nutzung von Wasserkraft wieder angekurbelt wird. *(Lech Suwala)*

Literatur

Ammelsdörfer, V. (2006): Tourismus auf Kuba.

Ammerl, T. (2007): Aktuelle stadt- und landschaftsökologische Probleme in Havanna und Lösungsansätze durch staatliche Raumordnung, Umweltpolitik bzw. kommunale Partizipation. In: Münchener Geographische Abhandlungen, Band A 57, München: Eigenverlag.

Bähr, J. / Mertins, G. (1989): Regionalpolitik und -entwicklung in Kuba 1959-1989 In: Geographische Rundschau, Band 41, Heft 1, S. 4-13.

Bähr, J. / Mertins, G. (1999): Die Auswirkungen von Wirtschaftskrise und Wirtschaftsreformen auf das Wanderungsverhalten in Kuba. In: Erdkunde, Heft 53, S. 14-43.

Blancke, R. (1999): Farbatlas Pflanzen der Karibik und Mittelamerikas. Stuttgart: Ulmer.

Burchardt, H.-J. (1996): Kuba – der lange Abschied von einem Mythos. Stuttgart: Schmetterling.

Cepero, E. / Lawrence, A. (2006): Before and After the Cayo Coco Causeway, Cuba: A Critical View from Space. In: Papers and Proceedings of the Sixteenth Annual Meeting of the Association for the Study of the Cuban Economy (ASCE): Cuba in Transition: Volume 16. Miami. S. 212-220.

CIA World Factbook (2009): Cuba. Portal der CIA Bibliothek www.cia.gov/library (letzter Zugriff: August 2010).

Cram, G. F. (1901): Cram's Atlas of the World, Ancient and Modern. New Census Edition. New York, Chicago: Cram.

Dathe, R. (1985): Entwicklung und Organisation des Gesundheitswesens sowie Darstellung des erreichten Niveaus der Gesundheitsbetreuung und Gesundheitserziehung im sozialistischen Kuba. Halle-Wittenberg.

Díaz-Briquets, S. / Pérez-López, J. (2000): Conquering Nature: The Environmental Legacy of Socialism in Cuba Pittsburgh: University of Pittsburgh Press

Ette, O. / Franzbach, M. (2001) (Hg): Kuba heute. Politik, Wirtschaft, Kultur. Frankfurt: Vervuert.

Fierek, O. (2005): Kuba ist mehr als Tourismus – das kubanische Gesundheitssystem. mediCuba Deutschland.

Gesellschaft für Außenwirtschaft und Standortmarketing (gtai) (2009 a) (Hg.): Wirtschaftsdaten kompakt – Kuba. Köln: Eigenverlag

Gesellschaft für Außenwirtschaft und Standortmarketing (gtai) (2009 b) (Hg.): Tipps für das Kubageschäft. Köln: Eigenverlag.

Hamberg, J. (1990): Cuba. In: Mathéy, K. (Hg.): Housing Policies in the Socialist Third World. London, New York, S. 35-70.
Hasdenteufel, P. (2007): Naturschutz und Schutzgebiete auf Kuba. Entwicklung und Management am Beispiel zweier Nationalparks. In: Münchener Geographische Abhandlungen, Band A 56. München: Eigenverlag.
Hedges, S. B. (1999): Distribution patterns of amphibians in the West Indies. In: Duellman, W. E. (Hg.): Patterns of distribution of amphibians: A global perspective. Baltimore: University Press, S. 211-254.
Hirt, S. / Scarpaci, J. L. (2007): Peri-urban development in Sofia and Havanna: Prospects and perils in the new millenium. In: Cuba in Transition. ASCE, S. 288-299.
Hoffmann, B. (2002): Kuba. München: C.H. Beck.
Hönsch. F. / Hönsch, I. (1993): Kuba. Geographische Landeskunde. Leipzig. Freundschaftsgesellschaft BRD-Kuba.
INIE (Instituto Nacional de Investigationes Ecónomicas) (2009): Centro de Información Cientifico-Tecnica. Havanna.
Instituto Nacional de Education Fisica y Recreation de Cuba (INDER) (2010): Portal des kubanischen Sportministeriums www.inder.cu (letzter Zugriff: August 2010).
Jones, H. (2008): The Bay of Pigs. Oxford: University Press.
Klose, B. (2008): Meteorologie – eine interdisziplinäre Einführung in die Physik der Atmosphäre. Heidelberg: Springer.
Krüger, D. (2007a): Produktions- und Warenketten in der kubanischen Lebensmittelwirtschaft. Berlin: Eigenverlag Humboldt Universität zu Berlin.
Krüger, D. (2007b): Commodity chains in the Cuban food economy. In: Die Erde 138, Heft 2, S. 187-212.
Kulke, E. / Suwala, L. (2010): Kuba –Bericht zur Hauptexkursion 2009. Arbeitsberichte Geographisches Institut der Humboldt-Universität zu Berlin. Heft 160. Eigenverlag.
de Leon, S. Y. / Delores, M. I. (2004): Coconut. In: Barrett, D. M. / Somogyi, L. / Ramaswamy, H. (Hg.): Processing fruits. Boca Raton: CRC Press. S. 707-738.
Lynch, G. (2000): Decision for disaster: betrayal at the bay of pigs. Brassey's: Dulles
Malberg, H. (2006): Meteorologie und Klimatologie – eine Einführung. 4. Auflage, Berlin: Springer.
Mertins, G. (1993): das Konzept der regionalen Dezentralisierung in Kuba nach 1959. In: Sevilla, R. / Rode, C. (Hg): Kuba – die isolierte Revolution? Unkel/Rhein: Horlemann, S. 241–261.
Mertins, G. (2003): Städtetourismus in Havanna (Kuba). In: Geographische Rundschau, Band 55, Heft 3, S. 20-25.
Mertins, G. (2007): Kuba – Renaissance des alten Modells oder Jonglieren zwischen Sozialismus und Marktwirtschaft. In: Geographische Rundschau, Band 59, Heft 1, S. 44-50.
Monzote, R. F. (2008) From Rainforest to Cane Field in Cuba: An Environmental History since 1492. Chapel Hill: University of North Carolina Press.
Moré, P. T. (2006): Havanna: touristische Stadt, Kulturerbe der Menschheit. In: Landgrebe, S. / Schnell,P. (Hg.) (2006): Städtetourismus. München: Oldenbourg, S.383-394.

Nau, S. (2008): Lokale Akteure in der Kubanischen Transformation: Reaktionen auf den internationalen Tourismus als Faktor der Öffnung. Ein sozialgeographischer Beitrag zur aktuellen Kuba-Forschung aus emischer Perspektive. Passauer Schriften zur Geographie Band 25. Passau: Eigenverlag.

Nahela Becerrill, L. / Ravenet Ramiréz, M. (1989): Revolución agraria y cooperativismo en Cuba, La Habana: Editorial de Ciencias Sociales.

Nickel, A. (1989): Die Altstadt von La Habana – Wohnsituation und Konzepte der Altstadtsanierung. In: Geographische Rundschau, Band 41, Heft 1 S. 14-21.

Niekisch, M. / Wezel, A. (2003): Schutzgebiete in Kuba. Entwicklungen und Probleme. In: Zeitschrift für Naturschutz und Landschaftspflege, Band 78, Heft 8, S. 360-366.

Nuhn, H. (2001): Reorientierung des kubanischen Außenhandels nach dem Zerfall des COMECON. In: Marburger Geographische Schriften, Heft 138, Marburg, S. 36-59.

Oficina del Historiador de la Ciudad de La Habana (OHCH) (2010): Offizielles Portal des Stadthistorikers, www.habananuestra.cu (letzter Zugriff: August 2010).

Oficina Nacional de Estadísticas de Cuba (ONE) (2009): Annuario Estadistíco de Cuba, ww.one.cu , (letzter Zugriff: August 2010).

Pettavino, P. / Pye, G. (Hg.) (1994): Sport in Cuba - the diamond in the rough. Pittsburgh: University Press.

Pettavino, P. / Brenner, P. (2008): The Dual Role of Sports. In: Brenner, P. / Jiménez, M. R. / Kirk, J. M. / LeoGrande, W. M. (Ed.): Reinventing the Revolution – a contemporary Cuba Reader. Plymouth: Rowman & Littlefield, S. 379-385.

Pfeffer, K.-H. (2005): Mediterraner Karst und tropischer Karst. In: Geographische Rundschau, Band 57, Heft 6, S. 12-18.

Resnick, J. (1997): Internationaler Zigarrenführer. Köln: Könemann.

Rode, C. / Sevilla, R. (1993): Kuba: die isolierte Revolution? Unkel/Rhein: Horlemann.

Scarpaci, J. L. / Portela, A. H. (2009): Cuban Landscapes – Heritage, Memory, and Place. New York: Guilford Press.

Scarpaci, J. L. / Segre, R. / Coyula, M. (2002): Havana: two faces of the Antillean metropolis. Chapel Hill: University of North Carolina Press.

Spengler, E. (2004): La Habana Vieja. Weltkulturerbe und Altstadtsanierung mit Modellcharakter In: Stadtbauwelt, Band 95, Heft 161, S.18-25.

Tietze, W. (Hg) (1992): Westermann Lexikon der Geographie. Braunschweig: Georg Westermann.

United Nations Development Programme (2009): Human Development Report 2009, New York.

US Geological Survey (2010): Earthquake Hazard Program, http://earthquake.usgs.gov/ (letzter Zugriff: August 2010).

Vandenbroucke, L. S. (1984): Anatomy of a Failure: The Decision to Land at the Bay of Pigs In: Political Science Quarterly, Band 99, Heft 3, S. 471-491.

Voss, U. L. (2007): Die Bacardís – Der Kuba-Clan zwischen Rum und Revolution, Frankfurt/Main: Campus.

Wehrhahn, R. / Widderich, S. (2000): Tourismus als Entwicklungsfaktor im kubanischen Transformationsprozess. In: Erdkunde, Band 54, Heft 2, S. 93-107.

Weischet, W. / Endlicher, W. (2008): Einführung in die allgemeine Klimatologie. 7. Auflage Berlin: Borntraeger.
Widderich, S. (2002): Die sozialen Auswirkungen des kubanischen Transformationsprozesses. Kieler Geographische Schriften, 106. Eigenverlag.
WMO (World Meteorological Organization) (2009): Report on 2008 Hurricane Season in Cuba. RA IV/ HC-XXXI/Doc.4.2(8).
Zepp, H. (2002): Geomorphologie. Paderborn: Schöningh.
Zeuske, M. (2002): Kleine Geschichte Kubas. München: C.H. Beck.

Index

L

M

N

T

U